上善若水
甘泉永滋

上善若水，甘泉永滋。——文怀沙题词

文老和我谈水

崔君乐

　　小的时候是先知道吃粽子的事，尔后知道了有个人叫屈原，再尔后知道了"路漫漫其修远兮，吾将上下而求索"，再往后知道了这名言出自《离骚》，更往后知道"楚辞"是前两年阅读了文怀老送我的四本著名的楚辞今译——《屈骚流韵》。文老和我谈水也是这两年的事。

　　在切入本文"文老和我谈水"之前先把我了解的文老的"世界"做个简要的概括。早慧才俊，报载文老十一二岁即能背诵《离骚》，十八岁便受聘担任国立女子师范学院教授；热血青年，报载文老早年满怀爱国激情，因参加进步活动而失业以致生活无着，因写文章反对国民政府腐败而被捕入狱；楚辞泰斗，报载文老上世纪五十年代在学术界既获"新中国楚辞研究第一人"的盛誉，更是以《屈原集》和而后的《离骚今译》、《九歌今译》、《九章今译》、《招魂今译》等著译奠定了他在楚辞研究领域的权威地位；国学大师，文老是当之无愧的。"正、清、和"三字经典，是老人家研究国学的结晶，已为世人所知，如文老所说，"东方大道其在贯通斯三气也。"去年岁末有幸在人民大会堂参加了文老主编的《四部文明》全球首发式，文老即席演讲，一个国学大师的风采跃然台上。以九十多岁高龄亲自主编这部浩瀚巨著，包括商周、秦汉、魏晋南北朝、隋唐的《四部文明》计200册1.4亿字，收录古籍1560种，18200卷……此非常人所能。文老说的好，"为中华文明聚原典，为子孙后代存信史"。这当然是国学大师所为。当今屈子，这样的评价我觉得并不过分。倒不是由于某著名雕塑家以文老为原型创作了其成功大作《屈原》，也不仅仅是文老对屈子思想的研究在学界的地位，人们更看重的似乎是他坎坷的经历和饱经了生活风雨历练出的博学、修养、品格和气质以及老人家对时下人和事的洞察及才思喷涌的阐发；老人家还是个重情重义的男人，文老曾经跟我们讲起过他年轻时的一段恋情，至今听起来还是那么感人，那么令人叹服，因为几十年了老人家一直坚守着心中的那个时刻、那个境界，这不是哪个男人都能够做得到的。文老人生学识浩瀚如烟海，归总这些粗浅文字也恐多有不周，言不及义，仅此表达对老人的仰慕和崇敬。

文老一位蜚声中外的国学大师、世纪老人，曾不止一次地跟我谈到过水。一次文老跟我说，"你是搞水的，我曾经写过一篇关于水的文章，早年北京的水很好，煮开了暖瓶里的水是清清的，倒在杯里喝也是清清的，后来水就不大好了，暖瓶里的水沉淀下来也还有一半是浑的——水碱，看上半瓶是清的还可以，下半瓶是浑的，倒出来就要不得了，有的人做学问就像这暖瓶里的水，看上半瓶还可以，往下看就不行了，混浊的很，看不清。"很可惜文老的这篇文章我还没有找到认真拜读、学习，但文老的意思很清楚，他用一个通俗的比喻阐述了一个非常深刻的思想，做人，做学问要清澈如一。当时我想一个国学大师对日常生活细节观察的如此精微并喻以论事，这可能正是他思想深邃的原因之一。当然我还感受到文老对我们水的一种期待。

· 还有一次在餐中，徐奶奶（我喜欢这样称呼文老的夫人）从包里掏出一个小的保温杯和几粒药要文老吃掉，文老静静地接过药，徐奶奶往保温杯盖里倒了一盖水，文老还是静静地接过来就着药喝了下去，徐奶奶又倒了一盖水说，"再喝点水"，文老没有动手，只是静静地说，"这不是浪费吗！"又调侃地说，"这自来水公司的老总在，浪费水他不高兴"，徐奶奶赶紧说，"是啊，是啊，吃水不忘挖井人"。两位老人一个举动，短短的言语，让我感动的不知道说什么好。一个主编《四部文明》浩瀚巨著的国学大师，一个在这个地球上生活奋斗了将近一个世纪的老人，却利用吃药喝水这生活中再平常不过的一件小事诠释了一个全球性的命题，并给出了如此完美的答案。老人家此举其实是对人类生存资源的一种态度，是对人们社会道德行为的一种示范。其实在与老人家的接触中我深深地体会到在他们身上无时无刻、每个举手投足都能流露出的感恩情怀，我想这也许是他们长寿的秘诀之一吧！

今年公司百年华诞了，很自然我想起了一直关心"水"的文老，一个举世闻名的世纪老人为一个百年企业题词鞭策无疑是一件意义深刻而又十分荣耀的事情，我怀着惴惴的心情向文老提出请求，没想到文老一口答应，并说，"写四个字不够，我给你写八个字。"继而又说，"我们用一句古语，我们自己撰写一句"，文老掏出笔沉吟着，不时地征求我的意见，在一张纸上写了圈掉又写，直到比较满意。我突然想这是一个多么温和而又慈祥的长者啊。

让我没想到的是没几天秘书打电话说，文老对那天的那句话不太满意，想改为"上善若水，甘泉永滋，"问你可不可以。我连说，可以可以，感动的不知说什么是好。一位国学大师、世纪老人，为我一个晚辈请求，为一个企业题写几个字竟如此认真、严谨、一丝不苟，犹如治学，还能说什么呢。我想这就是文老之所以成为大师的一种品格吧。有这样的老人真是我们国家学界的一大幸事。

知道文老生活和工作日程的人都为他的充沛精力赞叹不已，他每天的工作日程不比一个拼命挣钱还贷养家的年轻人排的轻松，甚至要更满一些。可是没过几天，秘书竟又打电话来说，"文老写好了，请你来取"，我们赶到文老的书房，一张六尺整纸篆书"上善若水，甘泉永滋"八个苍劲古朴，凝练厚重的大字，左侧行楷小字"右释文上善若水甘泉永滋谨以斯八言为自来水来北京百年华诞庆 燕叟文怀沙"。文老兴致勃勃地给我们讲这八个字的文义和书体，直到秘书催文老去全国政协讲学。文老的书法、文采相得益彰，精妙绝伦，公司百年华诞得此墨宝当永远藏之，宝之。

文老有一句名言叫"应有尽有，不如应无尽无。"这里边的人生哲理值得我们深思。"上善若水，甘泉永滋"是文老的另一种思考和境界，是对公司的期望，是讲水之德，人之性，这八个字应当作为企业的灵魂，应当永远鞭策诸位同仁继往开来，不断前进。

（本文作者为北京自来水集团党委书记、董事长）

文怀沙题词"上善若水，甘泉永滋"石刻

刘陈德撰：《水更记》石刻

水更记

天来之水亘古。人来之水百年。

三千余年，六朝古都土井散落、水车游走，饮水、汲水仗仰天地。

清末，西洋工业之风入之帝国，维新之念生之朝野。光绪三十四年，清农工商部大臣溥颋、熙彦、杨士琦上奏天朝，意在京城修建自来水设施。十日内，获谕允。京师自来水股份有限公司应运而生。

时隔两载，北京东直门外出现首座水厂。后四十年间，京城自来水业步履维艰。水厂孤行单影，供水"内以禁城为止，外以关厢为限"，惨淡之状，来水亭收之眼帘，入之肺腑。

人民共和国掀开北京供水新篇章。

立国初，官督商办的京师自来水股份有限公司回入人民怀抱，更名北京市自来水公司。遵人民政府"先普及、后提高"之旨，兴建七座大型水厂，攻克氯氨消毒之术。十年光阴，清洁之水普惠城内百姓及百业。

二十世纪七十年代末，共和国奋起改革，洞开国门，迎来生机无限。

东方风来满眼春。京水人击改革之浪涌，立开放之潮头，成发展之迅势。续建第八水厂、新建国际一流之第九水厂、延扩供水管网。迄今，北京已具近三百万吨日供水能力，达水面积近千平方公里。城市生命线之青春焕发，为北京国际化大都市尽现万象文明，厚积生命之力。

二十世纪九十年代末，北京市自来水集团有限责任公司揭红。集团公司继往开来，致力机体再造、技术再造、文化再造。且率京水万员，常思京城贫水之危，深谋开源节流之策，力行求真务实之事，永续国都活水源头。

上善若水，厚德载物。京水人以水为模，求至清、至善、至柔、至刚之境界，且凝为企业精神。清以正己，善以福人，柔以至和，刚以治业。水之性、潜之人心，人之心，铸就京城水业之品质。

京水百年华诞，幸遇奥运盛典是国举办。水系国运，国依水兴，特为水更记，以昭后人。

戊子仲秋立 刘陈德笔耕

（本文作者时任《支部生活》总编）

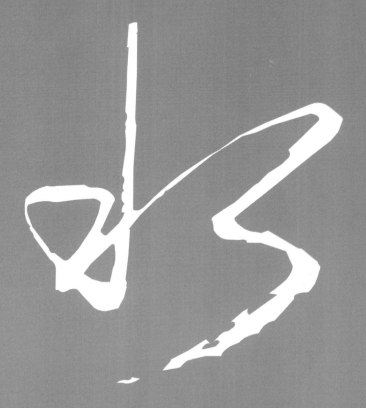

北京自来水博物馆（老馆）

北京自来水博物馆（新馆）

《北京自来水博物馆》编委会

主任编委

崔君乐

编　　委

刘锁祥　张　怡　郭爱琴

梁　丽　何凤起　霍旻英

王京京　梁淑云

鸣谢 北京自来水集团党委宣传部　北京自来水博物馆

本书图片由自来水博物馆提供，仅供本书用

纸上博物馆

北京自来水

博物馆

历史在这里沉淀，历史从这里升华。

一部北京自来水史——北京城市建设发展的缩影——爱国主义教育的活教材。

水润之 ◎编著

北京日报报业集团同心出版社

发展　　　　1949-1978

水业新生

激情岁月

京水忆往

腾飞

1978- 今

扩建水厂

科
普

北京自来

水

探源

EXPLORE THE SOURCE

1908-1949

喝井水走过来的北京人

在北京的历史上，没有城市自来水设施以前，城里的人们生活用水主要是靠打井取用浅层地下水作为生活用水。据史料记载，东汉时期有大量瓦井，分布在城西南广安门至和平门一带。汉、唐、辽、金时又建有砖井，与瓦井并用。元大都时期，居民和宫廷基本上也是采用井水。

据文物部门1965年至1972年清理出的古瓦井资料显示，东周时期的36口，西汉时期的29口。这些古瓦井分布最为密集的地方是宣武门至和平门一带。古瓦井分布稠密的地带，正是历史上的蓟城所在地。水是生命之源，是人类生存的首要条件，"凿井而饮，耕田而食"应是那个时代北京人的生存状态。

旧时北京的土井

　　到明清两朝北京水井遍及街巷，有些街巷以井命名，如王府井、大甜水井、三眼井等，但水质多数咸苦，不合卫生。所以，有资料记载："明代的北京老百姓生活用水大都预备三种水，一般来说甜水用来喝茶，苦水洗衣服，'二性子水'做饭。……所谓'二性子水'就是说水具有两重性，即水的味道甜中带着苦涩味。"

　　《燕京访古录》记载：在朝阳门里延福宫对面一井，井水一半甘甜清洌，一半苦涩难饮。"南城茶叶北城水"。北京的这句坊间俗语说的北城，即今安定门一带，以甘石桥的一眼甜水井最有名，常有文人墨客到此饮茶吟诗。由于甜水井少，供需矛盾突出，这就造成了抢占甜水事端的发生，也催生了或肩挑或车推卖甜水为生的水夫。"京城地方距河甚远，住户皆食井水，向由山东人用水车推送，相习已久。"这是用户吴广铭宣统二年七月初八日（1910

清末光绪年代的水夫送水

年 8 月 12 日）为"特别送水广告"事致自来水公司函中的一段话，说明在自来水未建成之前，饮用水夫送的井水成为那时京城人的唯一依赖。水夫走进胡同，声声"甜水"的吆喝，也构成了老北京人生活的一道风景线。其实，应着水夫的吆喝声出来买水，或者到井台打水，都是街坊邻里的一次聊天"约会"，时间长了，那些挂着绿苔的井台儿，成了孩童们听大人谈天说地的好去处。古井留在老北京人的记忆里，有苦涩，也有甜美。

甜水　苦水

　　北京市区正处在永定河冲积扇中部，历史上全市区均有良好的地下水。在西部水埋藏深度很浅，在丰水期甚至溢出地表。在市中心区，水埋深只不过2—3米，到东部逐渐形成承压水。深层地下水由于水位标高较高，从而形成西北郊清河一带的自流井，和东直门一带的满井和自溢井。市区的地下水水质，受长期人类活动的影响，使生活污水渗入地下，从而使表层地下水受到污染，水质变硬，水中硫酸盐、氯化物、钙盐、镁盐均在提高，总含盐量上升，形成我们所说的苦水，不适于饮用。深层的地下水仍保持良好的状态，成为我们所说的甜水，即矿化度较低的水。

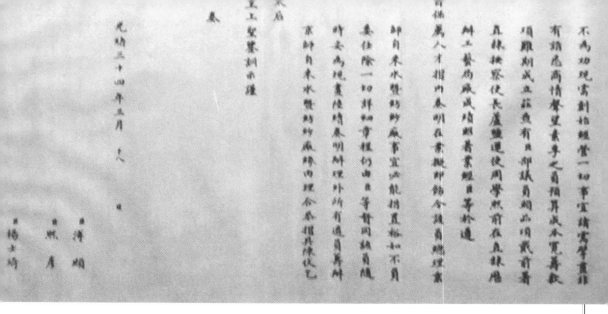

慈禧太后的"十日谕允"与北京自来水肇始

研究北京自来水发展史的学者们，有的对北京自来水的肇始，给出这样一种解释：因火得水。按五行学说，金木水火土，水克火不无道理。事实上，是洋务运动打开了国人的眼界，一些开明官绅、商人见识并品尝了洋人"自来水"之便利。他们多次向清政府建议兴建京师自来水，找到了"京城多次起火，无水可救，损失惨重……"这样一个关乎民生、社稷安危的理由。大臣们说得多了，慈禧也心有所动。资料记载，光绪三十三年（1907）八月，慈禧太后问及当时的军机大臣兼外务部尚书袁世凯："防火有何善政？"袁世凯答曰："以自来水对！"袁世凯此时正是慈禧太后的红人，这样的"对答"分量可想而知。

袁世凯应着慈禧对"火"的惧怕、对"水"的需求，成为北京自来水的筹划与兴建实质上的后台大老板，为社会也为自己留下一笔善绩。

光绪三十四年（1908年）三月十八日，农工商部大臣溥颋、熙彦、杨士琦等上奏慈禧太后和光绪帝，请建自来水。奏折这样写道："……凡各项事业有益于民生日用者，端在择要筹办，以为提倡。即如京师自来水一事，于

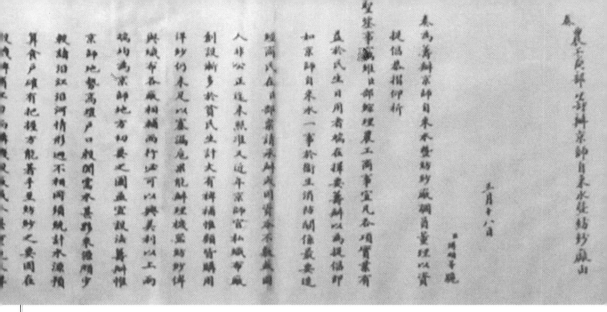

清农工商部溥颐等关于请建京师自来水公司的奏折

奏办京师自来水股份有限公司专用章

卫生、消防关系最要……为京师地方切要之图，亟宜设法筹办。"并举荐"谙悉商情，声望素孚"的前署直隶按察使周学熙总理其事。不到十日，慈禧太后就批复了这个奏折。批复速度是比较快的，有史学家称此为"十日谕允"。

有了慈禧太后同意筹办京师自来水公司的圣旨，清农工商部紧锣密鼓筹办。于这一年的三月二十八日，再次上呈奏折，请示筹办京师自来水公司的"大概办法"。奏折中建议：京师自来水公司性质为"官督商办"，公司名称为"京师自来水股份有限公司"，任命周学熙为京师自来水股份有限公司总理。这个奏折也很快得到慈禧批准照办。

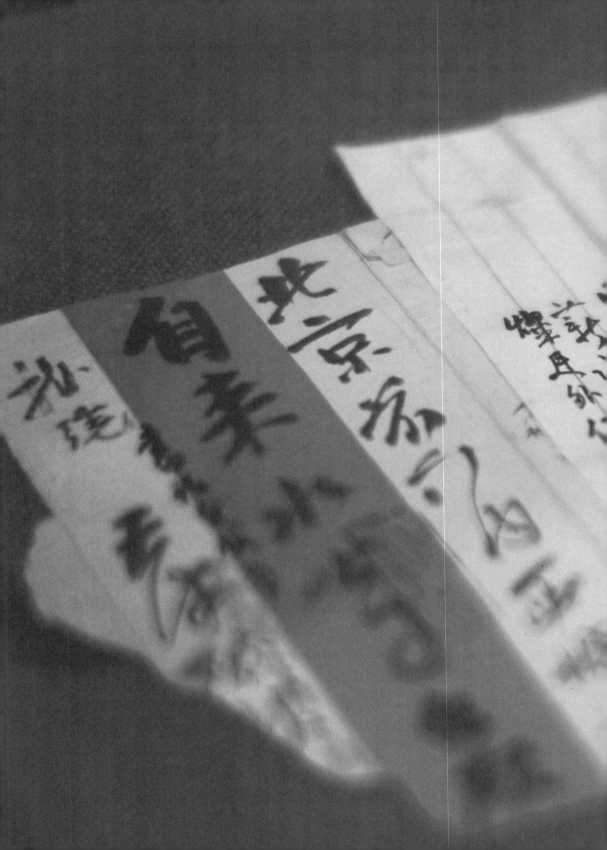

首任北京自来水
"总理"周学熙

周学熙（1866-1947），字缉之，号止庵，安徽人，是中国近代实业家。其父周馥曾任两广、两江总督。周学熙最初在浙江为官，后为山东候补道员。1900年入袁世凯幕下，主持北洋实业，是袁世凯推行新政的得力人物。1903年赴日本考察工商业，回国后总办直隶工艺总局。1905年，他出任天津道，1907年任长芦盐运使，办商品陈列所、植物园、天津铁工厂、高等工业学堂等。1908年创办京师自来水公司。

周学熙有他的一套经营理念，公司在创业之初就提出了"轻成本，保利源"的经营思想，强调"开源"、"节流"。由于售水艰难，他更提出了"开通民智"的经营理念。

介绍或研究周学熙的书籍

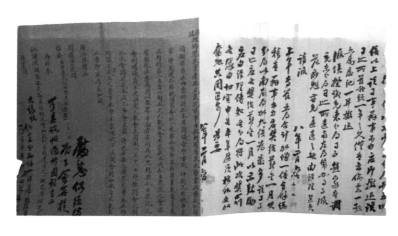

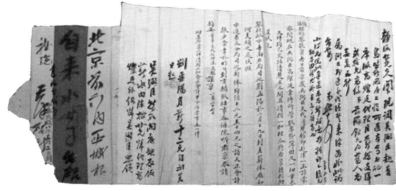

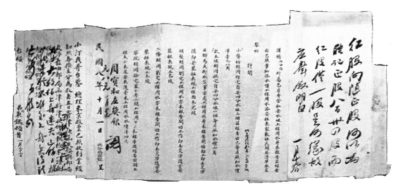

周学熙亲笔批示，潇洒而有法度的毛笔字透出其国学底蕴的深厚

公司总理周学熙（中）和协理孙多森（右）、坐办马荠在一起

　　周学熙认为："经营之道，不光在利。搞实业也不只是为赚钱，兴利除弊，富国强民，才是实业的根本目的。自来水公司之宗旨，首先在于惠民，民智开通，才能感受实惠。一心虑算钱的人，是做不了大事业的。"

　　周学熙是一位博学且颇有成就的实业家，是研究清末民初中国实业发展绕不过去的人物。传世的有关他的专著有《周学熙传记汇编》、《北国工业巨子周学熙传》、《近代实业家周学熙研究》等多部。

袁世凯掌控下的
京师自来水股份有限公司组织机构

公司总理周学熙，协理为孙多森，坐办为马莘。他们三人都是袁世凯的部下，是受袁世凯"提挈"，领袁之命筹办自来水公司。公司所有管理人员，都由北洋各局商调借用。袁世凯还借职务之便，多次向慈禧太后汇报京师自来水工程进展情况。京师自来水公司从一开始就受到原直隶总督兼北洋大臣、时任军机大臣兼外务部尚书袁世凯的控制。

京师自来水股份有限公司最高领导者为监督，由清政府农工商部官员兼任。公司实际最高领导人为总理。总理、协理下设：总公司内工程师一人、机械师一人、管料一人、正副书记各一人、正副会计各一人、稽核兼统计一人、正稽查一人、副稽查三人、庶务一人；总公司管辖的十个分局各有司事、司账、司巡一人；总公司管辖的孙河水厂和东直门水厂各设厂长、司事和司机一人，东直门水厂另设化验一人，工人若干。清末诞生的京师自来水股份有限公司即在这样的机构框架下开始运营。

形形色色的"水股票"

　　周学熙上任后立即挑选人才，组成班底。他们勘察水源，设计水厂，丈量水管线路，仅用一个多月，就完成了这项工程的设计工作。自来水工程所需资金采用招商集股的方式筹措，为维护民族工业的利益，章程规定只招华股，不招洋股，受到社会各界的欢迎和支持，顺利招股300万元。1948年初，国民党北平市政府拟对自来水业采取官督商办的方式，并声明要将私人股份发还股东，此事未及完成，北平即告解放。

　　关于招商集股，《北京自来水公司档案史料》中刊登的两则《自来水公司招股广告》介绍较为详细。光绪三十四年六月二十四日（1908年7月22日）的广告这样写道："本公司奉农工商部奏准创办京师自来水。查京都地广人稠，需水甚多，销场最旺，专集华股。先集股本银洋三百万，分为三十万股，每股十元，官利常年八厘，以收到股款之次日起算。股款分三期交纳，第一期交洋四元，第二期交洋三元，第三期交洋三元。每期交付股款，随时由收股处掣给收条，俟三期交足，换给股票息单。如在一期内将三期股票一次交足者，每十股准加红股一股，以示优异，凡红股与正股，将来一律派分官利，余利无稍歧视……"这则广告最后告知的收股处有：北京天津银号、天津天津银号、上海天津银号、汉口天津银号、保定府天津银号、唐山天津银号、张家口天津银号、广东日升昌记等。由此可见，当时的北京自来水集股范围是全国性的。这则告示刊登在当时的《时报》上。

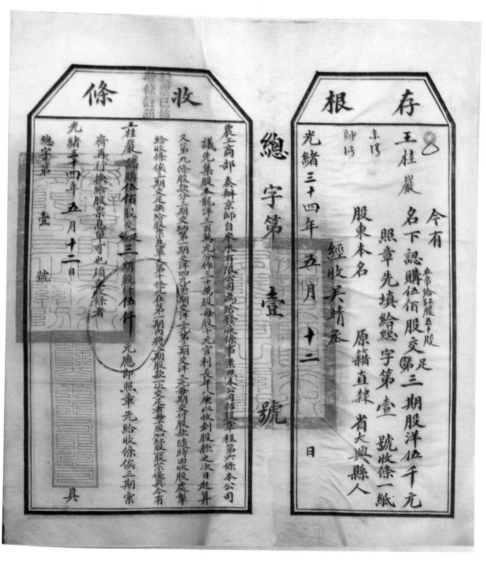

股份收条及存根（清）

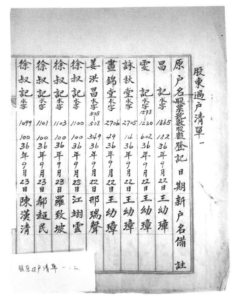

股东过户清单（民国）

新股有息半股存单（民国）

　　另一则告示最后两条"注意"第二条："本京附股诸君之特利，本公司另有住户安设保险水管章程，凡附股者，院内安设水管格外从廉，按股份之多寡，定价值之折扣，满一百股以上者，九五折；五百股以上者，九折；一千股以上者，八五折；二千股以上者，八折。以示优异。"从这段文字可以看出，当时集股票采取的举措很到位。实事也达到了预期目标。"经多方努力，共招股三百万元，后经计算，二百七十万元即够支出，为少支付利息，又退回股东三十万元，因此在创建自来水公司所用资金实际是二百七十万元。"

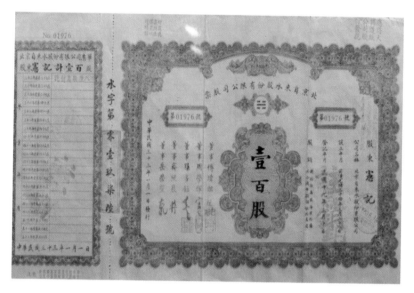

北京自来水股份有限公司股票（民国）

北平自来水股份有限公司股票（民国）

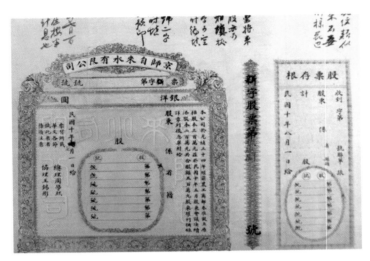

京师自来水有限公司新字股票（民国）

京师自来水有限公司股息单（民国）

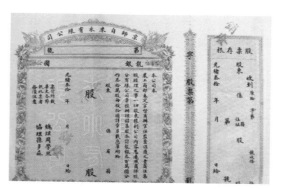

京师自来水有限公司股票（民国）　　　　　　　　　　　京师自来水有限公司股票（清）

1948年3月，国民党北平市政府宣称要将自来水公司"发还"民营，图为这一时期的股东合影

二成五股据第四册（民国）　　　　股票转让证书（民国）　　　　股票零尾凭单（民国）

　　北京自来水公司从建设到新中国成立这一段时间，名称由创始时的京师自来水股份有限公司几次变更。北洋政府时期称北京自来水股份有限公司，国民党政府统治时期称北平自来水股份有限公司，这样就造成了自来水股票形形色色。国民党政府统治时期，"将股票分为甲、乙两种，老股占十分之六，为甲股；新股占十分之四，为乙股。提分股利时，老股按三分之二，新股按三分之一"。

　　1948年3月，国民党北平市政府宣称要将自来水公司"发还"民营，欲将私人股份归还股东，成立北平自来水股份有限公司，但未及完成，北平即告解放。

在自来水没有普及的年代，城市居民用压水机取地下水

大闸门

创业
维艰

东直门水厂试车水管炸裂尺许

"宣统元年（1909 年）十一月三日，东直门水厂试车送水上塔时，刚一开车，厂外水塔旁生铁水管突然炸裂尺许。事后调查，乃因在这水管未安之前，早有裂痕，系不合格之残品，瑞记洋行将此残品混入正品中蒙混卖出，因此开动机器时，水管受空气压力而炸裂，造成很大损失"。

上面这段文字中提到的瑞记洋行是北京自来水工程设备的供应商。当时的中国无力制造这些设备，只能依赖买洋设备。京师自来水公司开办消息传出，津沪各洋行纷纷赶来洽谈，表示愿意代办水厂的机器、水管等。由于天津德商瑞记洋行曾考察北京孙河一带水资源，其占"熟悉北方天时地势"便宜，

德国西门子水表　　　　　　　日本爱芝水表　　　　　　　　　　日本金门水表

德国进口立式闸　　　　日本日立电机　　　　日本进口管箍　　　日本进口分水栓

遂与自来水公司签署订购设备、承包工程合同。合同规定：瑞记洋行提供"德国著名大厂极新式而又极坚固耐久之头等正号机器，随各机件均有图样及该本厂保险、保固年限洋文凭单呈验"。"所有承办自来水机器、水管以及各项钢铁料件，应分别先后，从速运华，至工程地为度，供备安装设，不得误工"。设备订购事宜落实，农工商部预估1909年春季即可出水，袁世凯据此多次回应慈禧太后的垂询，于光绪三十四年八月二十八日上奏"来春定可出水"。实事上瑞记洋行除提供的设备有如上等质量问题外，还有预订设备不按期交货的问题，以致贻误水厂竣工日期，给京师自来水公司造成不小麻烦。京师自来水公司也进口使用过日本的供水设备器材。有史为鉴，后来的北京自来水公司设备器材逐步多了一些"中国造"，实现引进和自己制造两条腿走路。

北京自来水最早的水源地孙河的命运

　　建设北京自来水工程，水源是头等重要的事情。周学熙亲自督阵，经过多方面勘察论证，最后选定以孙河水为北京自来水水源。

　　孙河又名侯河，沙河与清河汇合于昌平区境内清河营，之后流向北京城东南，入通州区北运河，自清河营至北运河这一段即孙河。

　　综合有关资料来看，当时选定孙河为北京自来水水源地有以下理由：

　　第一，孙河距离东直门水厂二十多公里，距离相对较近。

　　第二，孙河水量充沛，水流终年不断，可以满足当时北京城供水之需。

　　第三，孙河水质清洁，适宜饮用。虽然夏季有时山洪暴发，夹杂泥沙的洪水布满河道，但在春秋冬三季河水清可见底。

　　第四，孙河两岸无大市镇及工厂，多为农田，无菜地，少有污水流入河中。

　　确定孙河为自来水水源地，也有两点缺憾，一是孙河水质硬度稍高，不

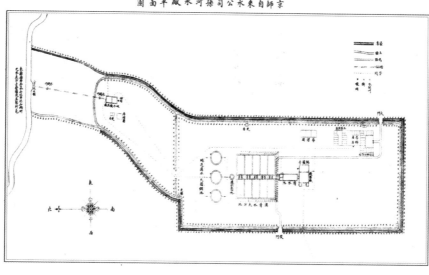

孙河水厂平面图

宜工业用水。二是孙河在北京城东，地势比北京内城低，不能借助水位差供城内用水。

水源地一经确定，京师自来水公司决定在孙河和东直门各建一座水厂。

初建的孙河水厂在孙河南岸，面积约十三公顷(约合二百市亩)，呈长方形，厂房面积约占全厂面积的一半，另一半原预备以后扩充厂房，最终未能实施。有一机房，内装两台各为三百马力的蒸汽动力抽水机，每台每日最大送水量为一万二千吨。到民国初年又添置了一台二百六十马力的电动抽水机。

孙河水厂遗址

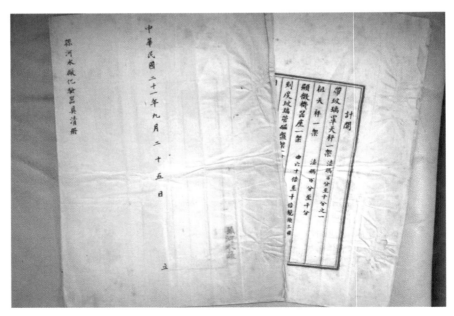

孙河水厂化验器具清册（民国）

  对于孙河水源、水质等，自来水公司还曾请来丹麦自来水工程师贺乐伯作专项考察。贺乐伯在给自来水公司的呈文中这样写道："本工程司亲履各河数年之间，悉心比验，知唯孙河之水为最相宜，盖其味甘爽，其性滋养，较之他处之水有天渊之别，河身较深，重质皆沉于水底，不为机器所激动，故此水非常柔软，为京师第一水源，有益卫生，实非浅鲜，将来功用之大与获利之溥可操左券焉。""……考其水之来源，春冬时少雨，各水之汇归于孙河者，每点钟计十万担；夏秋时多雨，除污水外，每点钟计十万零五千担。每天以二十四点计算，春冬时，每天得水二百四十万担；夏秋时，每天得水二百五十万担，以京师户口计算，每日至多用水六十万担量。无论自来水欲如何推广，而此水总绰然有余也。"

  这位外国自来水专家为北京自来水描绘美好前景，没有考虑到战争灾害。孙河水厂也见证了日本侵略者的暴行。1945 年 7 月 25 日至 27 日，日本侵略军投降前夕，大肆劫掠孙河水厂，并放火将其烧毁。

"刨坟事件"

北京自来水创始阶段，也遇到了这样那样的困难，在铺设东直门外自来水管的时候，就遭遇清朝皇族的极力反对，造谣自来水公司"硬刨坟头，给钱就躲，骚扰不碍坟墓"。"刨坟事件"致使自来水公司总理周学熙费尽周折解决，这也是自来水工期延误的原因之一。自来水公司在当时的《顺天时报》、《中央大同日报》、《国报》、《爱国报》、《京都日报》刊登《周学熙就所谓"公司安设水管硬刨坟墓"辟谣告示》，自宣统元年二月十二日起，各刊登十日。

解决铺设水管影响宅院、坟地风水问题，还有一个民间版本，就是宣读圣旨。石长龄在《关于创办时管网施工、水塔和东直门水厂的一些见闻》中回忆道："我晚生了十几年，当时的实际情况未经目睹，但据当年参加施工的老工人和我闲谈时曾提到过这方面的事情，听起来还是很有趣的。比方说当管道安装到清摄政王府北后墙时，王府的家人出来制止刨沟。这家在当时是炙手可热的豪门，工人们怎敢与其争议，只好停工同时向上级禀告。不一会儿，负责的司事人员便驾着马车手捧圣旨一路紧行来到工地。随后该人员便端然肃立把圣旨举在面前，并高呼圣旨到，那情景就像现在戏台上演戏所表演的一样。这声断喝后，只见王府中阻挡施工的家人便忽地一下都跪倒。

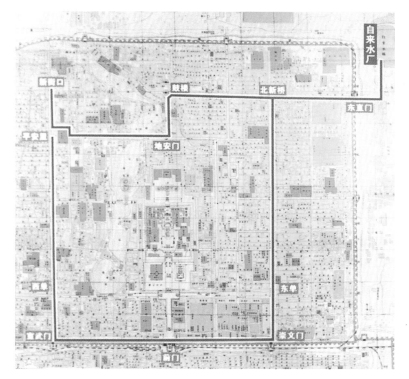

自来水公司创建初期供水管线示意图

此时司事人员手捧圣旨念了一遍，大致意思是此工程是奉旨施工，有利民生，途经之地所有官员人等不得阻拦等等。接下来便是王府家人叩头，同时称领旨，对刨沟不再阻拦，于是工程也就继续干下去了。"石长龄，1946 年到北京自来水公司工作，曾任公司经营课技术股股长、营业课副课长、供水车间主任、业务处主任工程师、管网所副所长。

自来水铺设管线为慈禧太后和
光绪皇帝出殡让路

　　自来水管线铺设工程较大。"自东直门水厂至各用户安有配水管，配水管由干管与支管组成。干管的线路为：自东直门水厂起，经东直门内大街、北新桥，向南经东四牌楼、东单牌楼、崇文门，向西经前门到宣武门，向北经西单牌楼、西四牌楼到平安里。后来又铺设一条由北新桥向西经交道口、鼓楼，向南经地安门向西经平安里向北到新街口。"安装过程中，遇到了不少困难。在光绪三十四年十月，自来水公司向农工商部呈递了京师自来水管线铺设路线图，开始动工安装。但是，就在光绪三十四年十月二十一日，光绪皇帝突然驾崩，时隔十几小时，慈禧太后也驾鹤西归。全国大丧，给安装管线造成影响。宣统元年三月份相继安葬光绪与慈禧太后，清廷宣布，出殡前要在大街经过路线"演习大杠"，此时，自来水公司挖沟埋管工程正在紧张进行中。内城巡警总厅通知自来水公司，"所有经过道路，先期一律修理平坦，以便内务府前期（二月）二十日演习大杠"。期限仅仅三天，要求水管"已安者，务于本月二十日以前竣工；未安者，俟大差完竣，再行安设……"并要求马路两旁之土，一律平填齐整。这样一来，自来水公司突击三天，加紧填埋，那些未安管已经挖好的沟也一一填平了。直到三月十二日出殡结束，再次挖沟埋管。这样一个反复，贻误了工期，加上其他不利因素，批准建立京师自来水公司的慈禧太后最终没有享受到自来水的便利。

史迹
见证

保存北京自来水历史遗存最多的东直门水厂

　　宣统二年二月（1910 年 3 月），自来水公司为开办款项清册事致农工商部呈文的附件 2"成绩述略"，对东直门水厂建设项目记录甚详。"购置水厂地基，计一百零三亩七分四厘，错落东直门外北首，距东直门一里"。"建自来水铁架大水楼"、"建造品字式清水池一座"、"建造方清水池一座"、"建造双层模范水池圆亭一座"、"建造洋式大机器厂并锅炉房一座"……遥想当年的东直门水厂，机声隆隆，水流哗哗，别样繁华连接千家万户。历史沧桑，昔日的北京自来水被一次又一次地更新换代，所剩无多，硕果仅存的东直门水厂遗迹成了人们追忆北京自来水昔日盛况的符号。

　　蒸汽机房，北京自来水博物馆旧馆曾设在这里。1928 年公司提议东直门水厂使用电机，但由于种种原因，并未实施。1931 年孙河水厂改用电机，而东直门水厂尚使用蒸汽机。1939 年 3 月至 9 月间，东直门水厂内建电机房一座，自此东直门水厂结束蒸汽机时代，进入电机时代。

聚水井

汽机房烟囱

初建时的东直门水厂

1940 年建的聚水井

2006 年修复前的来水亭

蒸汽机房

东直门水厂原貌

东直门水厂平面图

东直门水厂办公旧址

中西合璧的供水建筑来水亭

来水亭建于 1908 年，初名双层模范水池圆亭，其功能是接收孙河来水，进行加药消毒的场所。

"来水亭内径长二丈九尺，墙高二丈六尺，顶高一丈二尺，周围廊深八尺，墙厚一尺七寸，碱脚高三尺，头层洋灰堆花雨墙高三尺，洋松井字大柁，亭顶方梁满钉板条，墁亮白灰，上盖白铁瓦顶。亭内方圆水池各一个，洋灰筑墁方池，边压砌条石，方砖墁地。亭外四周走廊条石压沿，方砖墁地，圆式洋灰堆花砖，柱廊顶满钉棋盘板条，上下玻璃门窗五色玻璃券窗，插销、洋锁俱全，油饰成造"。这是初建成的来水亭结构面貌。

现在我们看到的来水亭经历过两次修缮。第一次是 1949 年，因发现墙歪、一些木质部件腐朽，只做适当加固措施，以防建筑歪裂。第二次是 1986 年的落地大修，有古建专家现场指导，进行修复整旧，替换了缺损部件，确保了建筑原貌。

有专家考证认为，来水亭穹形圆顶造型受欧洲古典主义建筑影响；但其顶饰造型独特，为西方原型所未见，有中国古代传统建筑宝顶之痕迹，为 18

1908 年建成的来水亭

世纪中国造园艺术在欧洲影响的回传。据此，可称来水亭为中国近代建筑中之"外传回流"影响型建筑。来水亭独特的中西合璧式造型在国内少见，因此，具有重要的文化艺术价值，是北京自来水博物馆的镇馆之宝。

东直门水厂水塔——战乱年代的"信号塔"

建于 1908 年的东直门水厂水塔，高约 54 米，占地约 500 平方米，是当时北京城东直门一带的地标建筑。1957 年拆除，现在北京自来水博物馆展出的是按比例缩小的水塔复制模型。水塔的功能是将蒸汽机输送上来的水储存在塔顶的水柜中，之后借助水的自重力输入城市管网中，供应到千家万户。

水塔为德国设计师设计、中国工匠建造，欧式风格，在塔的底部设计有龙的装饰，融入了中国传统文化元素。

东直门水塔还为新中国的建立立过一份功劳。1949 年，中国人民解放军成立平津卫戍区防空司令部，需要建立警报站，最后选定了北京城区的制高点东直门水厂水塔。部队安排人员轮流值班，在水塔上负责瞭望敌机来犯情况，记录敌机来袭架次及投弹情况。警报站在水塔上安装有临时电话、手摇警报器和警报灯，一旦敌机来犯，就摇响警报器，并挂红灯。在那个战事频仍的年代里，水塔成了北京城内居民防空袭的"信号塔"。

东直门水塔

"第一号水源井"井碑见证
北京自来水增加地下水源开始

　　1937年"七七事变"之后，日本军队占领北平，1938年将北平市改为"北京特别市"，下设"公共事业管理局"，管辖自来水管理局。这一时期北京进入枯水期，孙河水位下降，为了维持供水能力，自来水局决定开发地下水资源。现在自来水博物馆展品中的"第一号水源井"井碑，正是1939年在东直门水厂内开凿的第一号水源井的见证。

　　"第一号水源井"启用，拉开了北京市自来水供水由地表水源向地下水源发展的序幕。"1940年前后，在东直门水厂内开井五口，厂外开五口（有三口无水），宣武门、甘石桥、水月庵和旧刑部街各一个……如此，不仅满足不了全市需要，且引起城内地下水位下降，不得不于1943年在安定门外开九口水源井，在德胜门外开十一口水源井，以补充市内用水"。（《北京自来水公司档案史料》第12页）至此，当时的北京城自来水水源基本取自地下。北京自来水由地表水源发展到地下水源，引出中国人始料未及的后果。1942年东直门水厂全部改用地下水。日本军事当局下令将孙河水厂全部设施拆除，把拆下的几十吨钢材送回日本兵工厂造军火。把孙河至东直门水厂的输水管线拆除，用于铺设城内的供水管线。1945年7月日军在投降前夕，放火将孙河水厂烧毁，损失巨大。这是另外一个话题，但据此可以说，"第一号水源井"井碑也是一部爱国主义的活教材。

傅增湘题写的"第一号水源井"井碑（民国）

第二号水源井

第六号水源井（自喷）

　　为"第一号水源井"井碑题字的是在民国时期担任自来水公司总理的傅增湘。傅增湘在清末曾入翰林院，后任民国教育总长一职。1922年，经首任京师自来水股份有限公司总理周学熙推举，傅增湘继任总理。傅增湘书法颇有造诣，以楷书和行书为主。

咏自来水《竹枝词》

吾庐孺

城北方塘一鉴开，千万龙蛇地下排。

问渠哪得清如许，为有源头活水来。

宣统二年（1910 年）

水夫、查表先生

　　京师自来水股份有限公司创办初期的主要供水方式是集中供水，就是街旁巷内安装公用水龙头，由水夫看管。居民购买水票，凭票挑水饮用。对于无力挑水的居民，则雇用水夫送水。一些大户人家为了使用方便，把自来水管直接引入家中，安装专用水表计量。由此，一个新的职业"查表先生"应运而生。1948 年 11 月 15 日，自来水公司业务处为雇用童工协助查水表事致经理等呈文这样写道："查职科查表员二十二人，担任查表及复查事项。以前各员工作时，向皆携带长工一名，开启表井盖及清除井内障碍物品，查表员专司查表、计算用量及登记表簿，数十年来均系如此。"（《北京自来水公司档案史料》第 317 页）此呈文宗旨在于"每届冬季，准予雇用童工一名，协助工作……复查人员每月准予雇工二十九天"。从这则呈文可以看出，"查表先生"队伍伴随自来水事业的发展在壮大，自来水业的发展带动了社会就业。

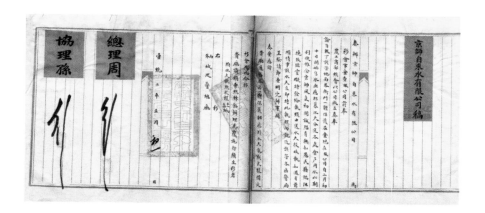

協理孫　總理周

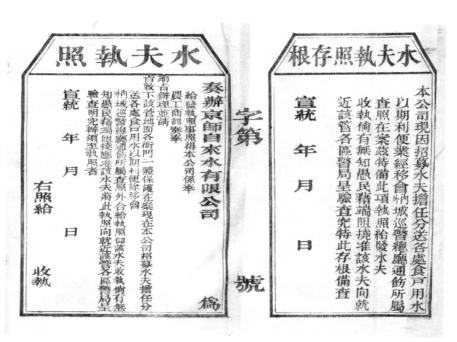

水夫執照（清）

20 世纪 30 年代北京街头的水夫

1946 年的自来水公司职员任职资格

　　在 1946 年 1 月 30 日提供的自来水管理处机构沿革档案材料中介绍的 18 位重要职员（工程师、科长、处长），三位无学历记载，其余都是大学硕士、学士学历。而其选用职员之资格，规定更为详尽："处长一人——受有良好训练及丰富经验土木工程师；副总、总工程师——同上；技术职员——高等工业学校或工学院之毕业生。非技术职员：科长——大学毕业生；股长——高中以上毕业生；课员、事务员——初中以上毕业生……"（《北京自来水公司档案史料》第 271 页）从这两则文字可以看出，自来水公司对录用员工文化水平的要求是一贯的。

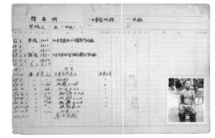

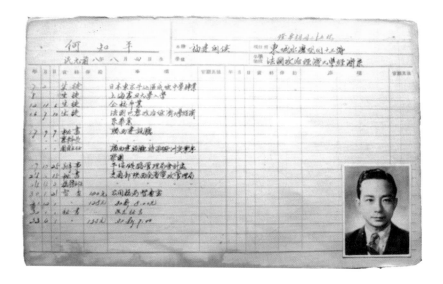

民国时期的职工登记卡片

京师自来水公司白话文广告

　　京师自来水公司成立之后，制定了用户家中安设专管的试办章程，制定专管户的用水价格，安设水表及公用龙头售水等，并对水质的要求有一定的标准。因为自来水尚属新生事物，自来水公司在多家报纸上刊登广告，宣传使用自来水的好处。还雇募水夫送水到户，以此逐渐向全市推广，使千家万户用上了自来水。

　　自来水发售之初，京城百姓对其不甚了解，看到水流出时有细小的"水泡"，而称之为"洋胰子水"，表示怀疑和反对，甚至有人造谣中伤。宣统二年（1910 年）一月，京师自来水股份有限公司在《爱国报》、《帝国报》等报刊发布消息：在"择吉日开市"前，先行分段分期"放水奉赠，不取分文"。是年三月，公司开始营业。为打消用户疑虑，公司还在《白话报》上刊登文言文和白话文广告，招揽顾客。

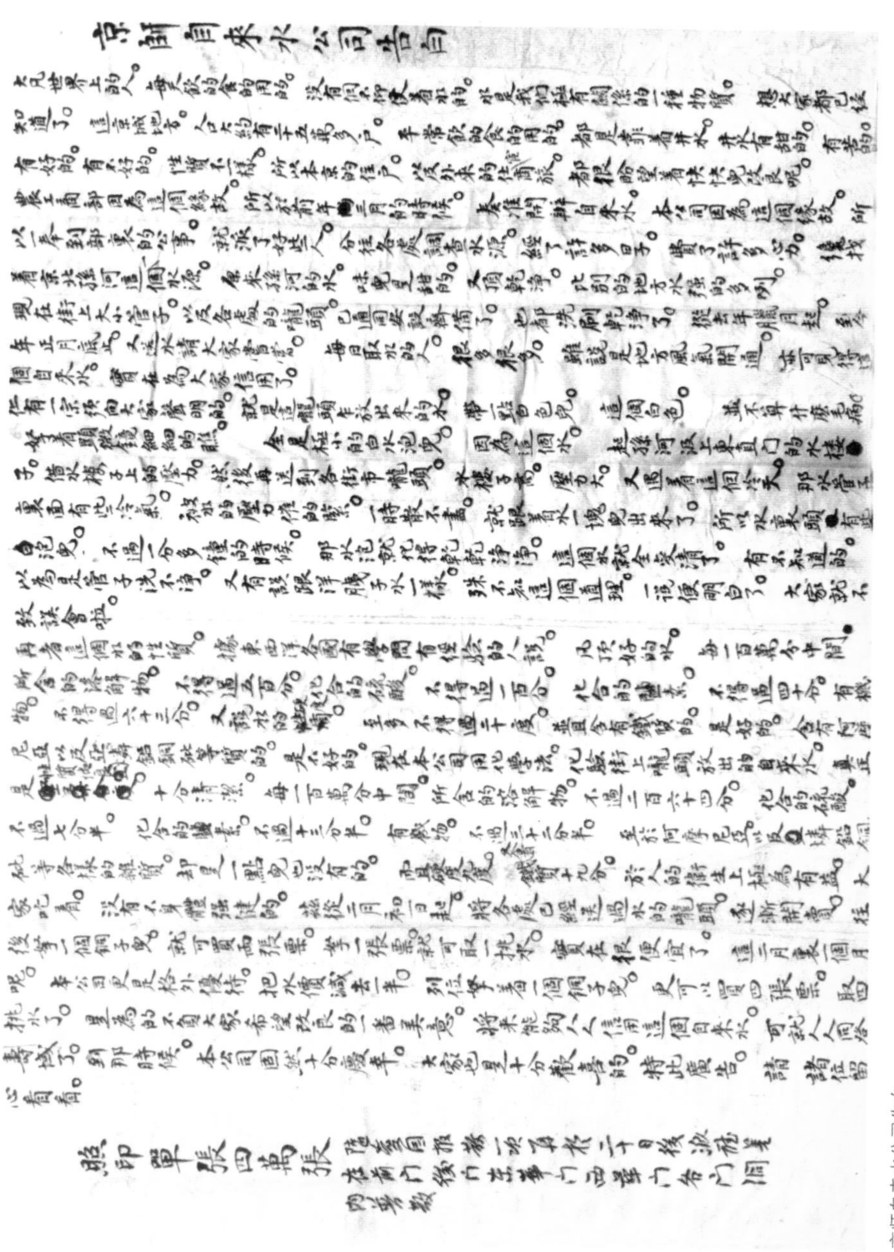

京師自來水公司告白

京师自来水公司告白

腰牌〔清〕   水户牌

皇宫人不喝自来水

　　北京自来水是奉慈禧太后旨意兴建的，但是皇宫里的人并不是最先享受自来水者。不是自来水没有考虑到他们，而是他们不喝自来水。他们喝的是玉泉山的水，每天有专人从玉泉山用水车送来。皇宫包括摄政王府内的人不喝自来水的原因，是怕水被洋鬼子下毒。石长龄回忆说："至于自来水安入皇宫主要是为了消防，不过当时只从东华门引入一段管，只安到了文昌阁就止住了，全长不过300余米，在上面安了几个消火栓，让我看纯属象征性的。1953年国家初建财政并不富裕，而且百废待兴，国家仍拨出重资命我公司规划了故宫消防系统并立即施工，这是经我办理的。"据此，如果做自来水百科知识问答，故宫何时建立消防管网？正确的答案应该是1953年。

清末在街市公用龙头购买自来水的水票

住到哪水管就接到哪

　　随着清朝被推翻和社会风气的开化，国民党伪政府时期的达官显贵，住在哪里，自来水管就装到哪里，并且未经许可，别人是不允许在上面安装支管的。有时一条胡同里住了数户达官显贵，大家都想喝自来水，于是，每家各引一条专管独自用。结果，出现了一条小胡同竟排了5条水管，真是管网布局和管理上的奇观。

档案记录北京自来水业初期发展

京师自来水有限公司创立之后，公司机构不断调整和完善，聘用一些有专业知识的工程技术人员及大学毕业生在公司和水厂任职，制定售水章程等，试图对自来水业进行科学的经营与管理，随之而来的是用水户数量的增加。为办好京师自来水，公司在创业之初就广泛招贤纳才，接纳了直隶工艺总局推荐的学过机器学与供水管道的留洋学生刘珉，调用化学专业专攻化验的毕业生刘恩延，皆以高薪聘用。公司还聘用了丹麦人为总工程师。公司注重对档案的建立与管理，从1908年到1949年的四十余年活动中，形成了丰富、珍贵的档案文件，这些文件包括公司机构沿革，组织概况，资产与设备状况，产水、供水和经营管理状况，各部门的营业报告、年度计划总结，和中外厂家、商行、股东、政府及用户的往来函件等等，留下一批宝贵的历史资料。它不仅记录了北京自来水事业发展的足迹，也是北京城市建设发展的一个缩影。

光绪三十四年（1908年）三月，清农工商部奏请兴建自来水设施，拉开了北京自来水业的序幕。宣统二年（1910年）二月初十正式向北京城内供水，工期22个月。此后的40年里，北京的自来水业步履蹒跚，在旧中国艰苦的环境中惨淡经营。至1949年，北京的供水设施仅东直门1座水厂，日供水能力5万立方米，管线长度367公里，供水范围"内以禁城为止，外以关厢

位于前门西顺城街的自来水股份有限公司创办时的办公楼

为限"。用水人口 63.55 万人,供水普及率仅 30.41%,尚有近 70% 的居民没能用上自来水。但是创业初期提出的"重环保,治污水"、降成本,保利源、以及注重引进技术设备和专业人才等经营理念,传承至今。

送公文簿

第24届股东签到簿

北平自来水公司董事会议案

北平自来水股份有限公司
年度预算书（民国）

北京自来水公司董事会致北京特别市公署
公文函（民国）

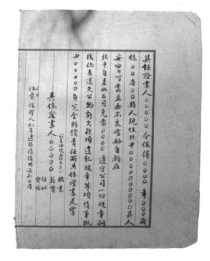

具保证书人草稿

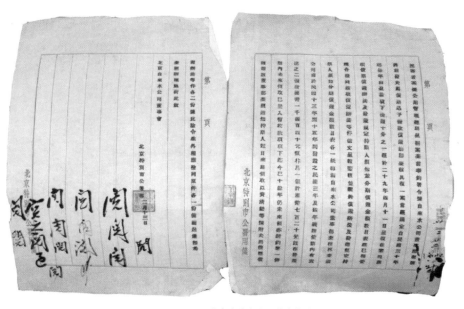

北京自来水公司董事会致北京特别市公署公文函（民国）

北平市自来水管理处职员录（民国）

北京特别市管理总局自来水
管理局营业报告书（民国）

北京特别市公用管理总局雇员证

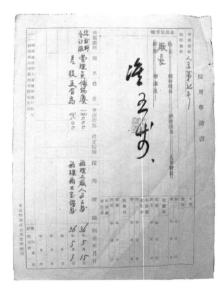

员工采用申请书

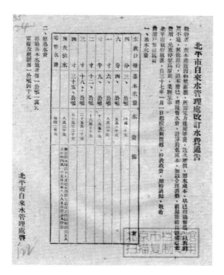

民国三十七年北平市自来水管理处改订水费通告

北平自来水管理处民国三十七年
一月拟请改定水价表

奏办京师自来水有限公司第一次工程报告竣营业开始报告书

　　1949 年新中国成立后，百废待兴，党和政府把关乎民生的北京自来水业收归国有，更名为北京市自来水公司，公司性质发生了质的变化。

　　人民政府把北京城市自来水业建设作为改善人民生活、提高健康水平、为城市建设和经济发展铺平道路的大事来抓，北京自来水业得以快速发展。从 1949 年新中国成立到 1978 年改革开放的近三十年的时间里，北京自来水业从小变大，从弱到强，已经发展成为城市的生命线，呈现出勃勃生机。

北京自来

水

发展

Developing

1949-1978

**水业
新生**

1949 年 3 月 17 日，中国人民解放军北平市军事管制委员会发布《将自来水公司由市人民政府代管令》

这个"代管令"是由中国人民解放军北平市军事管制委员会主任叶剑英、副主任谭政签发的。全文如下：

查自来水事业关系市民生活，极为重要，自应妥为经营，力求改进，以副全市人民之期望。该公司自三十七年三月由旧市政府改为官督商办后，递股及敌伪增建部分迄未清理。兹为便于清查及促进该项事业发展起见，着自本年三月十一日起，由北平市人民政府代管，并派刘珍甫为代理经理，沙明

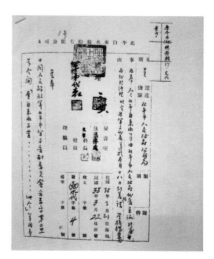

1949 年 3 月北平市自来水公司第一任军事代表
沙明金上任。图为代理经理刘珍甫、军事代表
沙明金到职任命通知

金为军事代表，希望即遵照办理。
此令。

主任　叶剑英　副主任　谭政
　　（《北京自来水公司档案史
　　　料》第 327 页）

　　这个"代管令"揭开了北京
自来水业发展历史新的一页。自
来水业向往新生活，在 2 月 26 日，
公司就呈文 "关于代管自来水公
司向市政府的请示"。随着代经
理刘珍甫、军事代表沙明金的到
任，公司很快成立了工厂管理委
员会，工作全面展开，《北平解
放报》、《大众日报》等对此作
了报道。

1949 年 2 月 26 日　关于代管自来水公司向市政
府的请示

1949 年北平市自来水公司成立工厂管理委员会，图为《大众日报》关于自来水公司成立工厂管理委员会的报道

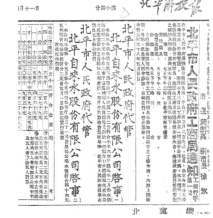

《大众日报》刊登北平市人民政府代管北平自来水股份有限公司通告

《北平解放报》刊登北平市人民政府代管北平自来水股份有限公司启事

1949 年的"五一国际劳动节",时任北平市市长叶剑英参加华北电力、北平市自来水公司庆祝大会并讲话

承制新中国开国大典国旗旗杆

在新中国成立的开国大典上，毛泽东主席亲手升起五星红旗，这一幕成为历史的永恒定格在人们的记忆里。但是，这根国旗旗杆是自来水公司职工制作的却鲜为人知。

1949年春天，北平自来水股份有限公司接受了市总工会交办的一项光荣任务——制作开国大典用的国旗旗杆。任务很快转到地处东直门外的检修股，要求尽快制作一根近30米高的国旗杆。当年参加这项工作的有唐俊民、程宪臣、邓世华、吕长福、赵履增等。当时没有设备，没有钢板，只有原来德国人建设北京自来水公司时带来的各种粗细不同的钢管。他们夜以继日，先是捡来木头，架起来烧8英寸钢管，然后劈开、拍平当钢板，焊接成一个方圆5米的大圆盆子状，再灌上水泥，重量就大了，这是旗杆底座。仅十几天的时间，一根由四节钢管连接，底部直径10英寸、顶端直径2.5英寸、近30米长的国旗杆即告完工。底座不灌水泥就重达一吨多，加上四节旗杆，可谓超重超长，运输是大难题。后来是由前门东的脚运队（运输队）派人拉到现场的。这根旗杆现在珍藏在国家博物馆。

开国大典旗杆

"开国大典那天,
我就站在东直门水厂大水塔的顶上"

　　1940 年参加革命、1949 年在北京自来水公司任党支部书记、后来任北京市自来水公司党委书记、1983 年离休的高深回忆说:"1949 年 9 月,我被派到自来水公司,当时我在市委行政处工作。离开机关下工厂,心里高高兴兴背上背包马上报到,行装简单,一被一褥,一个公章,一支手枪,骑车到前门顺城街,见到军代表沙明金、经理刘珍甫,简单交换了情况,马上住到东水厂。因为当时交给的任务,一是开国大典在即,保证安全供水,再就是发展组织工作,健全党支部……开国大典那天,毛主席在天安门宣布:中央人民政府成立了,我就站在大水塔顶上,向西南眺望,听着这庄严的声音……"

　　在高深的记忆里,最难忘新中国建立初期北京自来水人创业的那段艰苦岁月。"多少老工人不怕苦、不怕累、不计时间、不要报酬……当时缺少交通工具,为了加快换表检修工作,把一辆雪佛兰轿车改成抢修车。原来这是接送经理的专用车,为了生产需要,军代表沙明金、经理刘珍甫都主动骑自行车上下班"。"自来水公司是个小天地,它的一举一动和祖国息息相关"。"虽然我早下了岗,但我还热爱着我们的自来水。如果真有'轮回转世',下辈子我还要干这个活。" 高深表达出对北京自来水事业的一片痴情。

曾与日本人叫板的"张化验师"故事

"张化验师"叫张曾谦，1935年毕业于前国立北平大学工学院，1931年调入北京自来水公司工作。1989年退休。曾任公司工会副主席、化验科科长、化验室主任、水质科科长、科研室主任、公司副总工程师（教授级高级工程师）。1956年评为全国先进生产者，上世纪50—60年代先后三次被评为北京市劳模。

张曾谦回忆与日本人"叫板"的经过时说："1937年我到自来水公司不久，就赶上了'七七事变'，日本侵华部队强占了北京。各机关单位也都来了日本人……主管水质的（日本人）叫柏原，是专管我们水质课的。他不过三十多岁，会说英语，我和他谈话都用英语，不用翻译，所以很方便。当时我在东直门水厂上班，经常去孙河的水厂检查水质。我写的技术报告必须送给柏原过目，才能报出。有一天我在孙河水厂滤池旁碰上了他，他说我的一份报告不合适，要我修改，我坚持自己的观点，我们为此发生争执。他终于恼羞成怒，暴露出他的侵略者的凶狠面目，用双手掐住我的脖子。我一面挣扎，一面呼救。附近工人闻声赶来，他才松开了手。我虽未受伤，但我的民族自尊心受到了污辱。是可忍，孰不可忍。顾不得考虑后果，我马上找车返回化验室，给领导写报告，告他一状。""在我不屈不挠精神的作用下，公用总局那个日本大顾问居然做出决定：由自来水公司的日本顾问出面，请冲突双方共聚一堂，在酒宴上言欢……不但如此，过了不久，柏原被调回国。我才真正有了中国人胜利的感觉。"

新中国成立后，张曾谌以满腔的热情投身到工作中。孙文章回忆说："我是 1950 年 7 月分配到自来水公司化验室工作的，当时化验室主任是张曾谌，人称'化验张'。"孙文章在化验室工作期间，北京市要率先推广使用氯氨消毒，在正式推广前要先行在实验室实验，这项工作由他负责。三个月的实验后，孙文章写出了实验报告，张曾谌审查了报告之后，提出重复做对比实验，以保证上面推广后获得最佳效果。孙文章说："又进行了一个月的实验，他才放心地同意将这个报告呈送公司领导审阅。他这种认真负责的精神，至今留在我的记忆中。"孙文章还记得："1950 年实行实物工资，用小米计算，工人一个月一般 200 斤左右，生活很清苦。为了能让职工买到比商店便宜些的物品，公司特意成立了消费合作社。热心服务的张化验师就当上了东水厂的合作社主任，通过各种渠道，按批发价进货再卖给职工，使大家节约开支，职工非常满意。一个对工作认真负责的人，一个敢于仗义执言的人，一个能为别人办事的人，这就是我的老师——张曾谌。"新中国成立后，大家都满腔热情地投身社会主义祖国的建设，在自来水业，像张曾谌这样的职工很多很多。

孙文章，1950 年毕业于北京市高级工业学校，同年 7 月份分配到北京自来水公司，曾任技术员、工会文教部长、团委书记、党委宣传委员、公司办公室主任、公用工程公司副经理、公用局办公室副主任、公司副经理兼北京市节水办公室常务副主任、中国城镇供水协会常务秘书长等职。曾被评为全国节约用水先进工作者。1996 年退休。

北京市自來水公司財產清理委員會公告

本會為清理自來水公司財產起見，曾於一九五〇年四月十二日、六月十六日及七月二...

...日三天在報紙刊登公告限期登記股權，迄今一年有餘，尚有少數股東未來登記，茲特...

公...特告：自即日起，凡未登記之股東，務希於一九五一年七月二十日以前，前來本會辦理登

記手續（本會地址在北京前內順城街二十四號）。逾期即認為棄權，所持股票作為無效，希各

股東注意，幸勿自誤！

五、八六、利出

王永德回忆第一期发还股票

新中国建立后，自来水公司收归国有，原来的自来水公司多数是私人，要按政策退还股金。少数是清廷投资，要没收。清退股金首先要清产核资，进行股票登记。1951年领导决定，由王永德、田宝城、赵成林组成天津调查组。访问期间，股东袁世凯的孙子找不到，通过派出所了解，最后在一个粮店找到了，他表示现在生活挺好，这些股金不要了。股东们反应非常强烈，他们根本没有想到政策兑现这么快。一个多月的时间，基本情况摸清后，市政府决定分两期退还股金。1952年为第一期。天津的股东多，派专人去办理，其余在北京办理。王永德回忆："天津由我负责，还有宋平珍、佟祖华和徐世伟，共四人组成。出发前军代表沙明金特别提出要求，经济上要清楚，生活上要简朴，（因为吃、住、行费用实报实销）注意节约，防止浪费。"

通过他们实事求是按党的政策办事，打消了一些股东的顾虑，也开始对他们讲实话了。"有一个姓周的大资本家，开始来时打扮得非常寒酸，看他的股票姓名，才知道他是周学熙的后代。每次取得都不多，估计来了十几次。后来算一下，领了将近两万元。有的股票姓名户口簿上都没有，他只好开证明来。后来他说了实话，他登记股票时怕显得钱多，用了死人的名或假名。多亏了共产党实事求是的政策，把钱给了我。"

《北平解放报》关于人民政府代管自来水公司清点委员会成立的报道

1950 年北京市政府任命贾庭三和沙明金为财产清理委员会委员

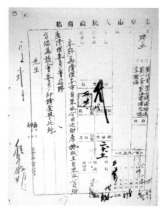

1950 年北京市政府为清点自来水公司财产特设财产清理委员会

　　王永德，1949 年参加革命，同年调入北京自来水公司工作，曾任自来水公司劳动服务公司经理。1985 年离休。

自来水公司机构沿革

年代	机构名称
1908 年	京师自来水股份有限公司
1930 年	北平自来水股份有限公司
1938 年	北京特别市自来水管理处
1945 年	北平市自来水管理处
1950 年	北京市自来水公司
1999 年	北京市自来水集团有限责任公司

机构设置

1949 年，北京市自来水公司调整组织机构设置，由经理、军事代表共同领导公司的全面供水服务和业务管理。

1954 年，北京市自来水公司根据国营企业的性质，进一步调整了组织机构，实行在党委领导下的经理负责制度。

1972 年组织机构设置 1967 年，中国人民解放军进驻北京市自来水公司，成立了军事管制委员会，以保证"文化大革命"期间北京城市供水的安全稳定，同年成立革命委员会。

经理
军事代表

技术室 ── 化验　　秘书室　　管理委员会

西郊水厂　安定门水厂　东直门水厂　修铸场　材料库　供水科　业务科　会计科　事务科

供水科：水表股　管线股
业务科：用户股　收费股　计费股　营业股
会计科：审核股　出纳股　成本会计股　普通会计股
事务科：庶务股　文书股

经理

副经理 ── 基建办公室
总工程师 ── 水质科
副经理　营业科　监察科　经理室　技术科　供应科　会计科　计划科

营业科：总务科　人事科　劳动科　保卫科　管理制造厂　水源管理室

水源管理室：运转调度室　水源一厂　水源二厂　水源三厂　水源一站　水源二站

1956 年，《北京市自来水暂行管理办法》出台

　　新中国建立后，公司在管理方面不断健全和完善各项规章制度，规范企业经营行为，从 1949 年至 1965 年期间，企业管理得到了发展和改善，各项专业管理初步走上了正轨。至上世纪 60 年代中期，由于"文化大革命"的干扰和冲击，北京市自来水公司建立的各项规章制度被废止，各项工作的发展受到一定程度的阻碍。

1950 年 4 月 17 日，经北京市政府批准，北京市自来水公司实施《自来水暂行办法》

1951 年北京自来水公司呈报公用局关于自来水暂行办法草案报请鉴核的请示

1956 年，北京市人民政府正式批准，北京市自来水公司《北京市自来水暂行管理办法》。北京市上下水道工程局批复北京市自来水公司"奉薛副市长批复同意"

由于北京大规模的城市建设、工业生产的发展，以及城市人口的激增，自来水供需矛盾日益突出。党和政府高度重视城市供水能力的建设，大力开发水源，建设水厂，扩充管网，以提高供水能力，缓解供需矛盾，确保人民基本生活用水，为首都发展提供有力的保障。至 1978 年，北京的日供水能力已提高到 85 万余立方米。

北京市第一个公用水站的建立

　　自来水公司收归公有后，响应政府号召，让居民尽快喝上卫生、廉价的自来水。1949 年秋，在天桥福长街居民集聚区建立了第一个公用水站。此后，自来水公司搞试点，在龙须沟、金鱼池居民区安装了 4 个公用水站，拉开了全市普及供水的序幕。自来水公司员工充满活力，克服困难，战严寒，斗酷暑，常常连续工作十几个小时，毫无怨言。自来水公司工人的辛勤工作使居民感动，一位老大爷说："我看了四十多年的大'水楼子'（指东直门水塔），都不知道自来水是个啥味，感谢共产党，感谢自来水工人师傅们！"

百口井会战

从 1960 年开始，为解决北京大用水户的用水问题，北京市政府出台了允许大用水户自行打深水井的措施，提出每年打 100 口井，自来水行业内称之为"百口井会战"。这一举措的推出，使北京市的供水形成了以城市供水为主、单位自备供水为辅的新格局。到 1965 年，单位及工厂的自备井约 800 口，农业用水井约 3500 口。大量打井取水，缓解了北京市暂时的用水危机，但大量自备水井的超量开采，造成北京市地下水位急剧下降，负面效应很大。

夺水大会战——自来水人创业的经典之作

夺水大会战，指第三水厂改扩建工程。

新中国成立后，为了满足北京城市建设的发展和居民用水的需求，党和政府高度重视城市供水能力建设，陆续建成第二、三、四、五、六、七水厂。随着北京市行政区划的演变和市属郊县城镇建设的发展，近、远郊卫星城镇自来水设施逐步兴起。在诸多水厂建设中，给自来水人留下深刻记忆的是第三水厂改扩建工程。

时任自来水公司党委书记苏捷曾这样说："艰苦奋斗，自力更生精神企业内部挖潜，组织应急工程大会战扩建第三水厂，增加供水能力。"

第三水厂始建于1956年，1958年竣工供水，日供水能力8.3万立方米。1973年，为缓解首都供水的紧张局面，公司组织三千多名职工开展了第三水厂改扩建工程——"夺水大会战"，时任公司党委书记苏捷、副经理张启民和有关人员在现场指挥部坐镇指挥。这是北京自来水公司历史上第一次依靠自身力量，边设计、边备料、边施工，开展的水厂改扩建工程。改扩建后的第三水厂日供水能力提升至50万立方米，是当时北京的第一座大型水厂。

"夺水大会战"施工现场

水源三厂北路清水池施工现场

　　曾经亲历这场"夺水大会战"的北京自来水人，每提起第三水厂改扩建工程，无不为之骄傲、自豪。

　　杨步荣，1945年参加革命，同年加入中国共产党。1969年调入北京自来水公司工作，1990年离休，离休前任自来水公司党委书记。他回忆说："从70年代开始每逢夏季供水高峰期间，就必须停止部分生产用水而保证生活用水。1973年国家计委批准建设水源八厂，但因该项工程投资太大，材料又有较大缺口，短期内难以竣工投产，是远水解不了近渴。在公司党委书记苏捷同志的支持下，经过公司党委多次反复研究，提出扩建三厂增加供水能力，以解燃眉之急。"

　　这是"夺水大会战"的大背景，北京自来水公司有着为国分忧、为居民用水解难的优良传统。这一传统在这次大会战中得到了进一步发挥，且成就辉煌，成为北京自来水发展史上的"经典之作"。这项工程计划经北京市计委批准后，整个工程设计施工由公司自行负责，为了确保任务的完成，公司成立夺水会战指挥部，精心组织，精心施工。从1973年开始在三厂开挖清水池土方，到1978年初全部扩建工程竣工投产，历时四年，自来水公司2700多名职工，不分男女老少，从公司机关到每一个基层单位的干部工人都轮流到工地参加劳动。大家不计报酬，不计时间，连续几个月牺牲假日休息参加义务劳动。杨步荣还说："特别是在三厂清水池混凝土浇灌过程中，更是不分昼夜连续作战，按时完成任务，经过满水实验，达到了设计质量标准。在输水管线和联络管施工中，由各单位包干负责。各级领导带头和职工一起并肩会战，大家顶严寒破冻土，硬是靠双手用镐挖开50—60公分冻土层，十分不易，有时劳动一天也打不开冻土层。硬是靠一定要夺取会战工程全面胜利的决心，完成了输水管线工程。"

高毓才，1961年毕业于哈尔滨军事工程学院，1973年调入北京自来水公司工作。曾任自来水规划科长。1983年调市公用局任副局长，1990年调北京市地铁总公司任总经理（高级工程师）。他说："扩建第三水厂一改过去由市政设计院设计、市政工程局施工的模式，而是我们自己设计、自己施工。这一决策是多么大的魄力！多么大的变化！管水者将要变成设计者、建设者，干部、职工兴奋、激动，奔走相告，一时间会战第三水厂成为全体职工的最大凝聚力，为会战第三水厂出力成为全体职工的最大光荣。我作为自来水公司的一名新兵，非常幸运地承担了机房扩建、六千吨清水池等项目的结构设计，和同志们一道成为会战第三水厂大军中的一员。""身体力行的实践是兴奋的，但也是非常艰苦的……回忆在组织六千吨清水池施工的时候，当时我是又兴奋又紧张。因为自己设计的图纸很快就要成为现实所兴奋；因为是第一次担心混凝土浇灌完后一拆模板垮下来所以紧张。圆形的六千吨清水池是采用无梁楼盖结构，顶板的受力钢筋是双向，与受力钢筋相对而配是构造

第二水厂

第三水厂

筋。顶板受力筋和构造筋如果配错将产生严重后果，顶板配筋是全部钢筋配制的关键。混凝土的配制和浇注的质量是决定清水池投产后是否漏水的关键。" 高毓才的担心代表了他们那一代人对工作的高度负责。最后的六千吨清水池满水实验圆满成功。

马有声，1960 年毕业于北京建筑工程学院，1962 年调入北京市自来水

第五水厂

公司工程队。1976年加入中国共产党。曾任施工员、生产计划组组长、工程处生产办副主任、工程公司副经理（高级工程师）1998年退休。在第三水厂改扩建工程中，马有声负责钢筋和混凝土工程，他说："混凝土清水池的施工重点是三个工序，混凝土工程、钢结构工程、模板工程。分三个小组进行重点培训骨干，（含技术人员和工人）……然后上岗作业，使工作能够顺利进行。"马有声总结第三水厂改扩建工程成功的做法有五点：第一，领导重视；第二，严密组织；第三，严格按规程施工；第四，团结协作统筹安排；第五，提高人员素质是做好工作的保证。这场"夺水大会战"创造出来的做法经验，在北京自来水公司有序传承了下来。

第二水厂（原称安定门水厂）于 1942 年筹建，由于经济困窘，至 1947 年底仅完成部分建设，因工程质量低劣，不具备供水条件。北平和平解放后，为解决 200 万市民的饮水问题，人民政府迅速恢复该厂建设。1949 年 5 月 1 日投产，日供水能力 3 万立方米。

第四水厂，始建于 1954 年，1956 年 7 月竣工，位于丰台区广安门外高楼村，当时日供水能力 10 万立方米。是新中国建立后，全国第一座自行设计、自行施工，全部使用国产设备的地下水水厂，该厂的建成缩短了第一、二水厂供水半径，提高了供水能力。

毕延龄，1946 年分配到北京自来水公司工作，曾任东直门水厂副厂长、水源管理室副主任。1995 年调北京市政设计院，退休前任设计院副总工程师（教授级高级工程师）。他回忆说："该厂共有水源井 12 口，开始使用水源井遥控技术，解决了水源井分散、数量多、用人过多的缺点。在配水泵站中开始使用液压闸阀，解决了开停水泵时的繁重体力劳动。"

第五水厂，随着东北郊电子工业区发展，人口增加，1958 年 4 月在朝阳区花家地建设第五水厂，1960 年 6 月投产供水，日供水能力 2 万立方米，并与第一水厂形成互补供水。

第六水厂，为支持化工区工业发展，1958 年在朝阳区窑洼村建成了地表水水厂第六水厂，1959 年 12 月竣工投产，日供水能力 3.85 万立方米。1964 年 8 月至 1965 年 10 月进行了扩建工程，日供水能力达到 12.6 万立方米，并在国内率先采用了机械搅拌澄清技术，把混凝、反应、澄清等工艺组合在一个水池中，利用机械搅拌使活性泥渣加速循环回流，提高了净水效果和产水能力，缩小了占地面积。这是地表水水处理工艺中的一项重大改革。

第七水厂

第七水厂，为平衡北京南部地区供水压力，1963年1月在丰台区马家堡建成第七水厂，1964年3月投产供水，当时日供水能力5.3万立方米。

"双层豆石滤板——砂滤"工艺，北京市人民政府为解决门头沟矿区人民吃矿下排出的废水，每年约有6000人（占居住人口1/3左右）常年泻肚的问题，决定投资1000万斤小米，责成北京市自来水公司筹划门头沟地区供水工程。1953年始建，1954年竣工投产，日供水能力4500立方米。1958年，北京市自来水公司水质科与城子水厂研制成功"双层豆石滤板——砂滤"工艺。使城子地区生活饮用水的水质有了明显改善，水处理能力有了较大的提高。

接管地方水厂

1954 年，按照北京市人民政府指示，北京市自来水公司接管了装甲兵司令部长辛店杜家坎水源地和北京铁路局管辖的东和水源地，初步解决了长辛店地区的供水问题。

1957 年 11 月，北京市人民政府决定将北京铁路局水电段南口镇供水设施划归北京市自来水公司管理。1958 年 7 月成立南口水厂，厂址坐落南口镇，日供水能力 1.28 万立方米。

1965 年，原通县所属通县自来水公司，经北京市人民政府批准，划归北京市自来水公司领导，更名为自来水公司通州水厂，接管水源井 4 口，日供水能力 6700 立方米。

扩充管网

　　新中国成立以前，北京自来水管网呈树枝状布局，自来水管网东密西疏、水压东高西低，流向由东部向南部和向西部单向供水，服务压力极不均衡。随着第三、第四水厂的兴建和主要供水干管的铺设，1958 年，市区三环路以内的环状供水管网已大体形成。

大会堂前铺管

工人在下管、埋管

前门前铺管

五十年代水厂化验室

水质是生命

　　注重水质是北京水业的一个传统。新中国成立后，自来水公司明确提出了"水质是灵魂"的口号，开始建立健全保证水质的规章制度，完善指标体系，强化水质消毒和净化工作。直至今日，始终贯彻这一科学理念，把水质优良视为供水企业的立命之本。2011年，自来水集团对企业文化进行二次提升，将质量观改为"水质是生命"。

　　氯氨消毒法 1954年至1956年，自来水公司水质化验人员在第一水厂和第二水厂进行"液氯－液氨消毒法"工艺试验，总结出在清水池进水处投加液氯，在吸扬井或水泵的进水处投加液氨的方法，使管网水合格率大为提高。1957年在天津召开的全国自来水行业经验交流会上，列入五项重大成果之一。这种消毒工艺在我国城市供水中沿用至今。

50 年代的加氨机　　　　　　　　　　　　　　　　加氯机

70 年代的反射检测仪　　　　　　　　　　60 年代的 581-G 光电比色计

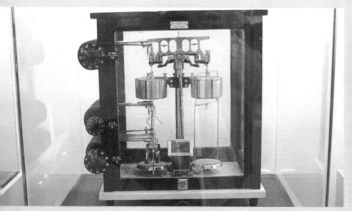

70 年代的 TG-328A 型电光分析天平　　　　　70 年代的 HSD-2A 酸度计

公用水站进院

　　新中国成立后，党和政府高度重视城市供水能力建设，自来水公司在大力开发水源、建设水厂、扩充管网的同时，大力普及城市供水，提升服务质量，对供水售水方式进行了普及与更新。

　　为保证人民身体的健康与安全，北京市人民政府下令封闭全市私营水井卖水，一律改售自来水。为尽快普及北京城市供水，北京自来水公司集中力量，大力发展公用水站。至1967年，北京城区公用水站达2677处，自来水普及率达到99.86%。至1977年底，市区水站已实现全部进院。

铺设公用水站水管

在天安门广场安装节日临时水站

1949 年 10 月，北京市自来水公司在劳动人民集聚的龙须沟、金鱼池地区安装四处民主水站，解决劳动人吃水难的问题。这是全市普及给水的前奏，拉开了全市普及供水的序幕。

水站进院测量

用户和用水结构的变化随着城市的发展，北京市自来水公司售水量于上个世纪 50 年代呈激增的状态，每年递增 35% 以上，60 年代中期至 70 年代每年递增 7% 以上。北京的自来水用户和用水结构也出现了巨大变化，由单一的生活用户发展为生活、工业、市政建设、农业四大系统用户，工业用水的比重持续上升。

为自来水管解冻

自主创新的科技成果

　　1949 年新中国成立后，北京市自来水公司发生了根本性的变化，为北京市供水事业的科技发展，创造了有利条件。上世纪 50 年代至 60 年代中期，自来水公司在改进旧设备、改善水质消毒、创制管线新配件、施工新工艺、开创用户计量等技术方面取得了一定成果。

水质消毒设备的革新

　　随着制水工艺的革新，北京市自来水公司开始在实践中研究与之配套的水质消毒设备，并取得了一定的成果。

　　简易加氯机　1961 年，第三水厂研制出补压井用的简易加氯机，开始采用液氯消毒。液氯用 30 公斤小瓶盛装，氯气经导氯管与加氯机水中混和后，输送到水井泵管的底部，达到杀菌效果。加氯机设有调节阀，调节控制加氯量。

　　随动式加氯机　1964 年，北京市自来水公司水表厂研制成功随动式加氯机，利用水压开启，弹力关闭的原理，使液氯投加或停止，解决了补压井由于供电局停电和设备故障引起的突发性停止运行，造成水井内液氯过大、腐蚀井管和排污水浪费的问题。

自主研制水表

北京市自来水公司由过去的单纯修理水表，转向修理与制造相结合，1958 年至 1973 年，完成了民用水表和工业用水表两大系列、十一种规格、统一设计的定型水表产品，同时荣获北京市优质产品称号。

"东风"牌旋翼湿式冷水水表 1958 年，北京市自来水公司水表厂在大跃进年代成功研制出第一批名为"东风"牌旋翼湿式冷水水表。"东风"牌水表的诞生，结束了北京自来水计量水表只维修、不生产的历史。

大口径旋翼式冷水表 1967 年，水表厂开始设计研制 LXS—80 至 LXS—150 大

检测水表

工人修理旧水表

工人组装水表

1967 年研制的大口径旋翼式冷水表

1973 年研制的大口径水平螺翼式湿式冷水水表

口径旋翼式冷水表，并正式批量生产。

大口径水平螺翼式湿式冷水水表　1973 年，水表厂组织工人、技术人员攻关，开发新品种，设计制造出 LXL—80 至 LXL—200 型大口径水平螺翼式湿式冷水水表。

管件革新

上个世纪 50 年代，北京市自来水公司技术人员在工作实践中不断摸索，研究出一批有利于管线带水作业的管件，不仅节省了人力和时间，也确保了工程的质量。

1958 年研制的 "东风" 牌旋翼湿式冷水水表

50 年代研制的三通，俗称 "大裤衩子"

三通　俗称"大裤衩子"的三通，口径约600毫米。三通是20世纪50年代北京市自来水公司修筑厂为了解决管网铺设分叉问题发明自制的，距今已有50多年的历史。

小口径水钻和配套使用的专用管件　1957年，北京市自来水公司技术人员设计制造了小口径水钻和配套使用的专用管件。这种工艺的优点是操作方便，可带水作业。

听漏器的革新

上个世纪50年代，北京市自来水公司开展了创新纪录运动，在这个运动的推动下，新型听漏仪研制成功，使检漏工作得到了进一步加强。

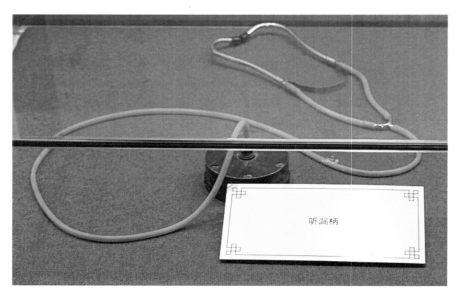

1950年研制的铜砣式听漏仪

1958 年研制的 777-A 型晶体管听漏器　　　　1962 年研制的半导体听漏仪介绍

铜砣式听漏仪　1950 年，北京市自来水公司供水科石长龄同志根据美制"铜砣式听漏仪"，仿制了一批"铜砣式听漏仪"，广泛应用于全市管线听漏工作。

TS3-A 型听漏器　1957 年，听漏班赵如朴等同志研制出 753-A 型听漏器样机。

777-A 型晶体管听漏器　1958 年，在 753-A 型听漏器的基础上又研制成了 777-A 型晶体管听漏器。

半导体听漏仪　1962 年，北京市自来水公司在大力开展技术革新和技术革命活动中，以周景印同志为主研制出"半导体听漏仪"，比"铜砣式听漏仪"放大效果好，轻巧方便，但受周围环境影响噪音较大。

京水
忆往

从候补助理员到《城市供水统计年鉴》编辑

　　新中国建立后，各方面都需要人才，回到人民手中的自来水公司在抓供水的同时，下大力量为自来水公司、为社会培养了一大批人才，吴同寿便是那一时代成长起来的佼佼者。

　　吴同寿，1942年到北京自来水公司工作，1987年退休。曾任业务科副科长、公司经理办副主任、中国水协秘书处主任。吴同寿1941年参加伪北京市公署公用事业管理总局招考职工，录取人员分为候补助理员、查表员两种，他被录取为"候补助理员"。"候补助理员"其实质是取得了任职资格，需要等待任职机会。吴同寿1942年5月23日接到了任职通知，来到自来水公司工作，是助理员。公司职务繁杂：经理、副经理、处长、科长、股长、科员、雇员（办事员）、佣员（助理员）。助理员与工人一样，都是按日计薪。日工资五角，另给五角津贴。每月工资是分两次发，15 日和月末各发一次。吴同寿到公司工作不足半月，第一个月的工资到月末才领到。吴同寿还记得第一个月领工资的情景："当我用颤抖的手打开工资袋时，仅有的一张崭新的一元纸币展现在眼前。这是扣除公司提供午饭饭费后剩余的钱。我拿着这张一元纸币，真是百感交集。这是我在人生旅途中第一次用自己劳动换取来的，既感到欣慰却又十分尴尬，用这一元钱如何能奉养双亲……"不仅工资低，精神上也空虚无奈。新中国建立后，他的工资收入奉养老人绰绰有余。社会主义新中国给公司带来一片朝气，职工积极向上，热情高涨，党和政府开辟多种途径培养人才，不少人被推荐到人民大学学习。吴同寿有幸就读工业统计专业，毕业后从事统计专业工作，后来转到全国城镇供水协会工作。并组织《城市供水统计年鉴》的编辑工作，这部书成为中国城镇供水协会有影响的出版物。

熙延昌的"闸门故事"

熙延昌，1951 年到北京自来水公司工作，1974 年加入中国共产党。曾任施工员、业务处闸门组组长、管网所生产调度。1994 年退休。

在熙延昌的眼里："城市上水管网好比人身体的'动脉'一样，交错纵横，相互连通犹如蜘网，管线口径有大有小之分，又有干线、支线、户线之别。不管大、小、支、干线上都要设置很多闸门，控制着供水、调压、流向、流速、停水等作用。"

熙延昌在自来水公司工作 43 年，做闸门工作 34 年。他对闸门工作有着特殊的感情，装着一肚子的"闸门故事"，这些"故事"不是听来的，都是他的亲身经历和所悟所得。

手指卡在水嘴里

有一年冬天，熙延昌正好早晨刚要出勤，传来电话，说有一人手指卡在水嘴里拿不出来了。熙延昌和白景维一起赶到现场，一看怔住了。那人把水嘴上盖卸下，食指伸进去抠水，连卡带冻，手指拿不出来了。也不敢用力，只好乖乖地在水管旁边站了已有二十多分钟了。熙延昌从来没有修过这样的活,两人商量了一下,只好锯水嘴。他们小心翼翼地贴着手指头用钢锯把水嘴锯断,手指才拔了出来。这是一个特殊事例,为用户救急。

闸门工作标准:十二个字

闸门工作要求有四句话十二个字:去得快,找得着,关得上,开得开。也可称之为闸门工作标准。这十二个字看起来简单,但认真做起来不是件容易的事情。熙延昌对此有深刻的体验。他说:"这里面不单是平时勤学苦练的基本功和开关闸门的熟练操作,这里面还包含着对北京地理位置的熟悉、图纸编号的划分以及闸门资料顺序及闸门卡片的存放和每个闸门栓点尺寸的测量、全市管线分布的走向,甚至流向、压力等都要掌握,这才算是有经验的闸门工作人员。"

熙延昌结合自己的实践经验,对闸门工作四句话十二个字标准给出如下解释:

去得快 不能盲目地快,做到报漏马上出发,目标清楚,到现场能快速解决问题。

找得着 到了现场,能找得着阀门位置,查看漏水点准确位置。还要看清楚管线在路哪边,才能找到闸门。这也看熟练程度,和平年代闸门都被土埋着不容易找。曾发生过这样一个笑话,一位师傅骑自行车夜间去关闸,到了地方把车一支,就开始找闸井,东找西找没找着,最后拿出尺子一量,正在车支子下面。站在闸上找闸,自己都笑了。

关得上　就是把应当关闭的闸门都关上，停止跑水。看似简单，其实不然。不管关闸门数量多少，要准确，一个不多一个不少地关闭。并且要关严，不是用力使劲关就能关严，要恰到好处。关、开闸都应记住扣数，平时积累的资料也要准，不到位不严，过位也一样不严。还要有听闸的一种本领，关死关严应当无流水声，再开启一点有虚扣感觉，再开一点有"沙沙"水声，再关死无声基本就是严了。

开得开　是指完工以后，把所关的闸门都一个不漏地开启，也就是关几个开几个，少开一个，或某个闸门没开到家都能留下后患。因为老闸有反扣的，这次忘开了一个，下次操作还认为是反扣的，不但未关上，反而把闸又开了，后患无穷。

唐山大地震时在汽车上住了三个月

唐山大地震那天晚上，熙延昌在西单堂子胡同西口夜班修换闸门丝杠，完工也就刚过 7 月 28 日零点。他收拾完工具送回班里，骑车回到家中，刚要上床睡觉，就见东方一片闪亮，随之地动坊摇。职业的习惯使他想到地震了，水管会不会折断？他骑车风风火火赶到单位，已经有人来了。领导决定组织抢修队伍，加强闸门力量，把修漏的、安装的都调到闸门班，配合关闸，加强值班。后来余震不断，大家担心房塌了把闸门图纸资料压在里面，就专门安排一辆 130 汽车停在院中，在车上架起棚子，把图纸卡片都搬在车上，电灯、电话也都拉上了车。领导安排熙延昌住在车上，保护图纸资料和指挥抢修工作。汽车每天发动 8 次，以备紧急挪动。就这样熙延昌在车上住了三个月未回家，大家戏称他为"地震时特殊保护的人物"，还称他为"活地图"，因为他对北京地区一些重点地区的闸门俭置门儿清。

闸门周期巡检

1964 年下半年，由闸门班抽出专人，组建了闸门周期巡检队伍，专职巡视看好闸门。当时分成 9 片（即 9 路），市内 4 路，郊区 5 路，并制定了具体的巡检规程。起初是每月为一周期，巡视一遍，有巡检示意图，记录卡片，并且每路每日挂牌，能亲自了解各路巡检进度及每日在哪片工作。大家都很认真，每人自行车都带齐小锹、小镐、水门义子、勺、榔头、钻、皮尺等工具，每个闸缶都打开掏土，保证闸头露出，并用铁片把背住，闸缶低于路面或易被土埋，就主动长高。大家对各自所管的闸门都了如指掌。对自己不能解决的问题 10 天一旬报，每月底一周巡完，余的两三天，统计本路分户线、路线、口径、闸井、闸缶，分别填表报出，自闸门周期巡检建立，可以说闸门班添了眼睛。

"文革"期间，巡检工作受到一定影响，1972 年才逐步恢复正常工作。真正走入正轨是 1978 年 3 月份，巡检队伍由原来的 9 路改编成 10 路，由原来的市、郊区分片，改为市内带郊区放射线分片，闸门巡检工作继续开展。1978 年巡检的闸门数为 15460 个。

闸门诊断治疗实录

这是熙延昌为闸门"诊断"的"医案"，照录如下，从中可以看出一代自来水人的爱岗敬业精神之所在。

闸门出了毛病也需要诊治，倒是不用打针吃药，不过，要动解剖手术，办法有几种，可分为试、听、研、修（换）。

试 一种是单个闸门试。这要凭手感和经验，是把闸开到头、关到家。先要对某种闸门大约有多少扣有了解，就初步能掌握此闸是不是能关到家。关上后，慢慢开启，手握闸钥匙把会有明显的提闸板一种力的感觉，这基本能摸清闸板是否入槽板。另一种是管网停水试闸。一段管把应关的闸都关闭，打开放水口或消火栓，看流水和压力是否闸严。如不严，再把每个闸单个试、听，找出有问题的闸门。例如，水源八厂西站（原水源一厂）进城南侧的一条管道要施工加闸，就是停不了水，厂内外怀疑的闸都关了还是不管用。像老辈子留下的管线，资料也无从查起。只好采取逐步扩闸的办法，反复试验，用了一个星期，结果到东直门桥关一个闸，才有效停水，不但工程做完了，也解决了今后供水的隐患。

听 就是听闸内的流水声。一般用耳挨着钥匙把即可听到，当然也不是音大过水就多。声音的变化和闸不严的程度，过水之大小，要凭经验判断确定。如水源八厂管路东侧往北沿北三环至蓟门桥 DN400 毫米管 11 公里多是市政局四个公司联合施工。竣工冲洗时各负责各自的施工段，市政三公司负责来水段，当冲洗头天串水时，打开水闸一天一夜饮水口不见有水，市政三公司现场负责人卢长元找到付海江副经理说："你们来水蝶阀坏了，不过水。"海江副经理找到熙延昌去现场查看。熙延昌来到现场开关蝶阀，摸到有蝶板橡胶圈过盈摩擦力变化的手感，还听出开启蝶板瞬间的滋水声，一闪即过。熙延昌为了慎重起见，反复听了三次，当场断定，蝶阀完好，管内有堵物。卢长元表示怀疑。后来他们在管上开天窗，下管一看，果真有大铁板堵着。原来是勾管前怕脏物进去，临时堵的，后来忘拆了。

研 就是利用反复开闭闸门研磨。闸门有闸板槽，易积渣物，年长日久，也易生锈，致使闸板入不了槽关不严，遇此情况就要研闸。研一个闸往往要两个多小时，反复上百次，直至研严。

换 无修理价值的闸门，只能更换。正常更换较为简单，也有个别现象，如有时关闸不严，卸下闸门满管流水，并有压力，顶水操作就费劲了。如，在苏州街一条管道上换一个跨闸，遇到水压大，想了一个"疏导法"，即把闸门上盖连同闸板卸掉，先装闸门的大身，让水从上面跑出，加垫紧螺栓之后，再把上盖装上。

发憷去大使馆和故宫

熙延昌抢修关闸工作多年，最发憷去的地方有两个：一个是外国大使馆，一个是故宫。

遇到影响外国大使馆停水，需要去送停水通知书，白天去还好办，正常情况下有中国翻译，夜间突发事故停水就麻烦了。有一次三里屯使馆区夜间紧急停水，影响瑞典使馆，熙延昌去送紧急停水通知书，进门院里黑乎乎的，远处楼门口亮着两盏壁灯，走近几步一看吓一跳，路边趴着一条大狗。返回警卫处，问狗咬不咬人，对方回答说可能不咬。他只好壮着胆子从狗身边蹭过，还好，它没有汪汪。也不敢大声嚷嚷问有人没有，只能往楼上有灯的房间去。从门外看见屋里有一人在椅子上休息，轻轻敲门，说声："你好，对不起！"他站起来，但两人说话彼此都不懂。熙延昌给他看中文通知书，他也不明白。最后带他到有水龙头的地方，打开龙头，又关上，手一摆，又一推，表示没水了。他似懂非懂，大概知道是水的事，最后在"紧急停水通知书"上签了字。其实，签什么熙延昌不认识，如果对方写的是"不同意停水"也不知道，要不怎么发憷呢。

熙延昌另一个发憷去的地方是故宫。故宫西北角处，有一院落，这个院落的大门平时紧锁着。在这院的西南角，有一路线闸门，需关此闸门时要联系开锁。进门是一小院，迎面是三间有廊子的小屋，门窗玻璃破碎，挂满蜘蛛网和塔灰，就在路旁还放着一口棺材，关闸还必须从棺材旁经过。转过屋是一个空荡荡的院子，荒草有半人多高。这环境还真像《聊斋》里描写的鬼怪出没的地方，两个人来可以互相仗胆，一个人来关闸，真有点发怵。

闸门班交通工具的变化

1954年闸门班成立，交通工具是自行车。外出巡检或抢修，闸钥匙、铁锹、镐等是必带工具，都绑在自行车后架子上。闸钥匙有五六十斤重，有时是扛在肩上骑车走。1963年购置了一辆三轮车，减轻了自行车的压力。同年，有了一辆老的雪弗兰，跟消防队联系安装了警笛。因为车速不够，排气量小，警笛的响声如同杀猪叫。并且，也没有安装警示标志，超车也过不去，所以司机都不愿意开警笛，但闸门班总算有了第一辆抢修车。1965年，添置了一辆永久牌轻便摩托车，作为小漏值班关闸用。1972年，熙延昌在维修班考上了驾驶证，回闸门班带回一辆东风牌后三轮摩托车。这时，闸门班的永久牌轻便摩托车增至两辆。1973年，用吉普车改装为闸门班专用车。1978年，研制成功闸门开关机，也成为闸门班的专用车辆。1989年，用切诺基改装成闸门班专用抢修关闸车辆，车上安装了车载移动无线电话等现代通讯设备。随后，又配备了"红星"、"三峰"抢修专用车。现如今，又添置了外购的闸门维修专用车辆。闸门班检修车辆的变化见证了北京自来水业的发展。

水龙及灯官

　　这里说的"水龙"、"灯官"是上世纪 50 年代自来水业管道施工的专用词语。

　　杨钧回忆说："其实水龙是我们过去安装自来水管道工程在停水切管时抽排干管回水的工具。过去我们从干管接支管时，要事先通知用户停水、备水，届时将干管的闸门关闭，两人一副架分两组用钢锯环干管在事先量好加三通尺寸的两道印上将管刺断。在快切断时，事先将水龙稳放在刺刀窝（接管工作坑）边。水龙是两个活塞，挂在杠杆上，两端各横一短杠，人压短杠一起一落，中间一长龙带和吸水头伸到刺刀窝聚水坑内，吸水前两个活塞桶内灌满水后迅速压短杠起落，使中间出水口排出水来，排到路上流入雨水口内。"

　　从那个时代走过来的人，都见过"压水龙"的紧张而又壮观的劳动场面。口径小的管一架水龙，2—4 人压就可以了。直径大的管通常要架 2—4 架水龙，需要 8—16 人压。压水龙是那个年代管道施工中劳动强度最大、最紧张的一项工作，有时需要连续工作 4—6 小时，甚至更长时间，压完水只能稍缓一口气。但是，还不能停，直到开闸通水，压水龙工作才能宣告结束。到上世纪 60 年代，水龙就逐渐淘汰了，代之以先进的油泵、电泵。进入 70 年代，管道施工技术进步，在干管上接支管不用停水就可以完成，既不影响用户用水，又降低了施工劳动强度。

杨钧压过水龙，还当过"灯官"。上世纪50年代夜间管道施工，工地距离电源较远或者没有电源的时候，汽灯是唯一的照明设备，时任工地施工员的杨钧就是"灯官"。他每天要提前到工地点灯，大家干完活了之后负责熄灯，工作包里常装着拨针、纱罩、酒精灯点灯用具。

"灯官"还有另一人群。上世纪在50年代，凡挖出的管道沟槽，为了防止过往人员车辆撞进沟里，晚上都设专人看夜点灯。这种警示灯是用三块玻璃染红装在一个三角框架里，框架内点的是煤油灯，摆放在沟的两端和沿线，提示行人和车辆注意安全。"灯官"的工作是发现有人靠近沟时及时提醒注意，风吹灭灯时及时点上。夜里还有专人检查"灯官"工作，发现睡觉或不及时点灯都要受到处罚。进入60年代，工地上的汽灯、煤油灯逐步退役，"灯官"成了那一代自来水人的记忆。

杨钧，1951年从部队转业到北京自来水公司水表厂，曾任施工员、技术员、工程师、技术股长。1996年从工程公司退休。

《城镇供水》杂志与北京自来水公司

　　《城镇供水》杂志是中国水协会刊，创刊于 1981 年，是住房和城乡建设部主管、中国水协主办的国内外公开发行的有关城镇供水排水的技术性期刊。杂志创刊初期名为《城市供水》，1985 年改为现名。这个杂志创刊初期，北京自来水公司做了大量工作。穆杰回忆说：北京自来水公司对这本杂志从筹备成立编辑部、配备编辑部工作人员、提供办公场所、担负工作人员的工资福利及各项开支等，都给予全力支持。可以说这本杂志是北京自来水公司给全国供水企业的一份珍贵的贡献。

　　穆杰，1949 年参加革命。1976 年加入中国共产党。1973 年调入北京市自来水公司工作，1993 年离休。离休前任《城镇供水》杂志编辑。

　　至 1978 年，北京市自来水公司拥有市区水厂 7 座，郊区水厂 4 座，日供水能力 134.3 万立方米，管线长度 1739 公里，供水服务人口 378.44 万人。

　　伴随着改革开放的脚步，北京自来水事业步入了一个新的飞速发展期。在党和政府的领导下、在社会各界的帮助与支持下，企业的发展实现了质的飞跃。特别是在"十一五"期间，在集团党委书记、董事长崔君乐提出的"集约型内涵式发展"战略思想的指导下，以"清 善 柔 和"的企业精神为支撑，以"企业发展、社会受益、职工增收"为发展目标，使北京供水事业的发展质量和速度都得到了全面的提升。首都供水史上最大规模的"三厂一线"改扩建工程顺利完工，圆满完成了奥运会、国庆 60 周年供水保驾重任，为首都社会经济建设的可持续发展提供了坚实的基础，从而实现了企业的腾飞。

北京自来

水

腾飞

A s c e n d a s

1978 — 今

扩建
水厂

改革开放以后，政府投入巨资，陆续新建了第八水厂、田村山净水厂、第九水厂等大型现代化水厂，这些水厂在工艺、技术、管理、水质检测等诸多方面达到了国际现代化水平。为满足城市快速发展的需求，集团致力于供水能力的建设，2006年，全面启动了首都供水史上最大规模的"三厂一线"改扩建工程，使北京日供水能力突破了300万立方米大关，满足了首都经济快速发展的用水需要。

关于自来水公司建立第八水厂筹备处的批复

第八水厂施工现场

第八水厂施工现场

1982 年，北京最大的地下水水厂
——第八水厂竣工

第八水厂是北京最大的地下水水厂，始建于 1974 年 5 月，投资 1.5 亿元，分三期建设。1982 年 8 月，第八水厂三期工程先后竣工，日供水能力 48 万立方米。近年来，由于北京地下水资源日趋减少，2004 年自来水集团投资建设了平谷应急水源工程，成为第八水厂的重要水源，日供水能力恢复到 48 万立方米。

第八水厂配水泵房

1985 年，北京第一座地表水水厂
——田村山净水厂竣工

田村山净水厂是北京城区首座地表水水厂，位于海淀区田村山南路，始建于 1983 年，投资 6000 余万元。1985 年建成投产，日供水能力 17 万立方米。除采用常规水处理技术外，还率先采用了臭氧、活性炭吸附等先进的深度处理工艺，为建设第九水厂提供了宝贵经验。

田村山净水厂臭氧车间

关于兴建田村山净水厂的报告

第九水厂厂貌

1999 年，北京最大的地表水水厂
——第九水厂竣工

　　第九水厂是北京最大的地表水水厂，位于朝阳区花虎沟，占地面积 40 万平方米，始建于 1986 年 5 月，投资 60 亿元，分三期建设，以密云水库为主要水源。1999 年 9 月，第九水厂三期工程先后竣工，除采用常规水处理技术外，还采用了活性炭吸附等先进的深度水处理工艺，形成日供水能力 150 万立方米，使北京市区供水能力翻了一番。2005 年和 2007 年，集团分别对第九水厂 2A、2B 系列沉淀池进行改造，引进先进的微砂加速沉淀技术，增强应对原水水质复杂化的能力，使其日供水能力增至 164 万立方米。2010 年，集团首次大规模应用先进的膜处理技术，以水厂工艺废弃的排放水为原水，再处理成符合国家标准的自来水，提升能力 7 万立方米，日供水能力达到 171 万立方米，使原水处理率接近 100%，大大提高了水资源利用效率。

微砂加速沉淀专利技术的应用

第九水厂二期综合池

输水管线示意图

2006年，平谷应急水源工程竣工

平谷应急水源工程是北京市自来水集团自筹资金6亿元投资建设的北京市重点工程。2004年3月开工，2006年通水。以平谷区泃河、汝河流域的地下水为水源，通过新建83公里联络管线和输水管线，与第八水厂、第九水厂输水管线沟通，全年为市区新增水量约1亿立方米，成为南水北调进京前京城供水的重要水源。

施工现场

玻璃钢管输水管道

2008年，田村山净水厂改扩建工程完工，缓解了北京西部供水压力

新建的田村山净水厂综合池

　　田村山净水厂改扩建工程于 2007 年 4 月开工，2008 年 6 月底完工。该工程充分利用了田村山净水厂的供水设施和场地，采用高密度沉淀池和臭氧、生物活性炭等先进的水处理工艺，提高出厂水水质；利用北京西高东低的地势，大大节省了电能；新增加污泥处理工艺，突出环保理念。改造后，田村山净水厂日供水能力从 17 万立方米增至 34 万立方米，有效缓解了北京西部的供水压力。

建设中的田村山净水厂清水池

145

2008 年，第三水厂改扩建工程完工

新建高密度沉淀池车间

第三水厂改扩建工程在原厂址内进行，于 2007 年 4 月开工，2008 年 6 月底完工。该工程在工艺和运行上呈现出三个特点：一是采用臭氧接触和活性炭吸附深度水处理工艺；二是采用高密度沉淀池专利技术，多种沉淀池技术优点的"叠加"；三是采用既能"监视"又能"控制"的中枢系统，实现地下水和地表水的统筹联调。改造后，第三水厂成为全国首家地下水、地表水双水源联调的大型现代化综合水厂。日供水能力从 25 万立方米增至 40 万立方米，并增加了污泥处理工艺，突出环保功能。

新建 309 取水泵站

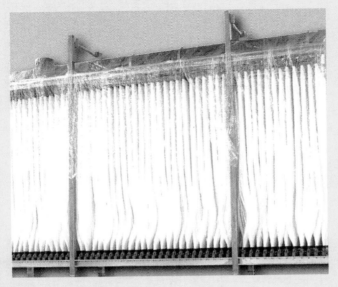

膜组件

2010 年，第九水厂应急改造工程

　　2009 年 7 月 3 日，市区日供水量以 278.8 万立方米创下京城供水百年史的最高纪录，逼近了市区供水能力的极限。为确保 2010 年夏季高峰供水，集团提出"在无水中生水、在少水中增水"的工作思路，积极进行内部挖潜改造，实施了第九水厂应急改造工程。该工程于 2010 年 4 月份开工，8 月份竣工通水，工程共投资 7400 多万元，提升日供水能力 7 万立方米。该工程采用浸入式超滤膜过滤系统，以水厂的反冲洗水等工艺用水为原水，经过混合反应、超滤膜过滤、活性炭吸附等深度处理工艺，生产出符合国家标准的自来水，此举使工艺水处理率接近 100%。这是北京首次大规模应用先进的膜处理技术制水。

团城湖至第九水厂输水管线工程

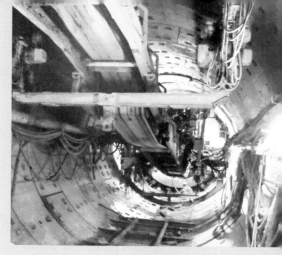

盾构机掘进施工现场

2006年12月至2008年9月，集团投资12亿元，兴建并完成了团城湖至第九水厂输水管线。该管线是南水北调原水进京的"大动脉"，日输水能力为157万立方米。工程首次采用盾构隧道掘进工艺，铺设了国内直径最大的输水管线（内径为4.7米），成为首都供水史上的标志性工程。

盾构机吊装

供水范围延伸

北京市自来水集团所属9个郊区自来水公司，总日供水能力41万立方米，管网长度2300多公里，供水服务面积318平方公里，供水服务人口200多万人。供水区域分布在怀柔、密云、延庆、房山、大兴、门头沟、通州等郊区新城以及丰台长辛店、昌平南口地区。近年来，郊区企业发展速度加快，供水安全保障能力和企业管理水平明显提高，为保证地区经济和社会发展做出了重要贡献。

管网
管理

供水管网堪称"城市的生命线"，城市供水管网的安全运行是确保供水安全的前提。面对庞大而复杂的管网，集团一方面加大对供水管网的建设力度，另一方面以科技为先导，致力于供水管网的安全运行，在提高管网管理水平上下工夫。

管网发展网状分布

新中国成立后，供水管线随着城市的建设不断发展壮大，从新中国成立前夕的 367 公里，发展到 2010 年的 11000 公里，其中市区管网 8800 公里。特别是进入 21 世纪以来，城区供水管线平均每年增加 300 多公里；市区供水范围从建国初城区中心地带，发展到五环以外，涵盖近郊区县千余平方公里的范围。面对如此庞大而复杂的地下供水管网，北京自来水集团坚持以科技为先导，强化管网管理，确保了城市供水管网的安全稳定运行，为首都安全供水提供了可靠的基础保障。

在"十二五"规划中，针对加强供水管网的科学管理，集团明确提出要着力把供水管网打造成为"水质达标，输配稳定，运行安全，具有抗干扰力"的供水设施。

1910 年 –2010 年市区供水管网的发展

年代	长度
1910 年	147 公里
1949 年	367 公里
1979 年	3400 公里
1999 年	3600 公里
2010 年	8800 公里

80 年代北京市配水系统主框架基本形成

随着改革开放的深入，城市建设快速发展，北京供水形势再次出现严峻局面。为适应北京城市发展需要，1982 年和 1986 年开始兴建田村山地表水水厂和第九水厂，管网建设随之进一步发展。1986 年，城区沿二环路及三环路兴建的两大配水干线完成建设并投入运行，分布在城区四周的七大水厂实现对置供水、均衡压力。至此，北京市长期发展规划要求的安全、经济、节能的配水系统主框架基本形成。

90 年代北京市区实现九大水厂对置供水

20 世纪 90 年代，随着第九水厂的投产，三条新建配水干线与市区管网连通并网，实现了九大水厂对置供水，在城区 400 多平方公里的供水范围内可自由均衡水压，实现了安全、经济、节能运行。

蛛网状管网遍布城区

进入 21 世纪以来，供水管线平均每年增加 280 多公里。截至 2010 年，市区管网长度已达 8000 多公里，日供水能力 300 万立方米，用户 270 余万户。目前城市供水管网已密如蛛网，遍布城区。

供水管线消隐改造工程

2010 年度六条随路大修消隐工程总结

为提高管网安全运行的整体性，2005 年开始，集团针对老旧管线实施了消隐工程，加强了对隐患供水管线和附属设施的改造力度。在改造中应用新技术，增强了管网安全输水的可靠性，同时，依靠先进技术和管理手段，建立了管网隐患监管的长效工作机制。截至 2011 年底，集团实施的消隐工程共改造管线近 66.717 公里。采用旋风内喷涂技术，对小区户内老旧供水管线进行改造，提高了居民饮用水水质。

东四北大街消隐工程

雍和宫大街消隐工程

酒仙桥（将台路—万红路段）消隐工程

管网管理电子化

供水管网漏失监测系统

　　为了加强对供水管网的监控和管理，及时发现管网事故隐患，集团于2006年4月在全国首次应用了"帕玛劳管网漏水监测系统"，该系统在2006年中非论坛北京峰会期间发挥了重要作用。此后集团在城市中心区和奥运场馆周边供水管线上安装3700个"电子耳"，将以往传统的"以事发后抢修抢险为主"的工作模式，转变为"防范为主，抢修为辅"的新型管网管理模式。

城市给水管网地理信息管理系统

　　2004年，集团投资400万元对原有的"城市自来水配水管网管理系统"

供水管网漏失监测仪

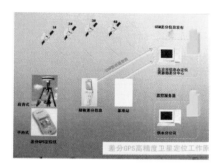

GPS 全球卫星定位系统工作原理

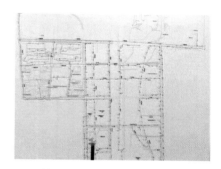

管网漏失监测仪在奥运场馆核心区示意图

进行升级改造，研制开发了"城市给水管网地理信息管理系统"，实现了供水管网信息资料与其他系统资源共享，进一步提高了管网管理的自动化和数字化水平，为应对突发事故调度指挥的"高效、准确、及时"提供了科学手段和技术支持。

GPS 卫星定位系统

在实现"数字供水工程"的战略构想指导下，集团先后研制出了"自来水应急抢修车辆GPS跟踪定位系统"和"管网抢修GPS闸门复测／定位系统"，应用到管网抢修中。通过运用 GPS 全球卫星定位系统技术，在接到报修后，抢修调度指挥中心可随时查询各抢修车辆的位置，按照就近原则派发抢修任务，并能迅速测定被水淹没的闸门位置，从而缩短到达抢修地点的时间，加快管网抢修的速度。

GPS 跟踪定位管网抢修

北京市自来水集团致力于健全快速反应机制，确保城市居民用水，先后研制出"自来水应急抢修车辆 GPS 跟踪定位系统"、"管网抢修 GPS 闸门复测／定位系统"等，提高了管网紧急事故的快速响应能力和工作效率，还扩大了服务范围，提高了服务质量。

以 96116 客户服务中心为应急抢修指挥平台，以《供水管网突发事故处置预案》为应急抢修的联动依据，以 GPS 管网设备井定位复测系统、城市管网地理信息管理系统（GIS）、城市核心区管网漏失监测系统为应急抢修的科技支撑，将供水调度、管网管理、应急抢修、水质检测等相关单位有机整合，构建了北京自来水集团应急抢修快速反应联动机制。

为全面提升集团对供水管网突发事故的应急处理能力，集团制定了一套较为完整的抢修预案，根据供水管网突发事故影响供水范围情况、影响交通情况以及影响重点单位情况，将供水管网突发事故分为三级，对事故进行分级处理。

抢修指挥中心

抢修现场工作人员确定关闸方案

指挥车

应急供水车

应急发电车

渣土清运车

工程抢险车

挖掘机

北京自来水集团始终坚持"水质是生命"的质量关，把确保水质安全可靠视为供水企业的立命之本。这一理念指导着企业的经营行为，有效地应对了地下水硬度提高、河北水进京、水源多样化和原水水质不断变化的复杂情况，确保了首都供水安全。

水质管理机构沿革

自来水公司创办之初仅东直门一座水厂，厂内建有化验用房 5 间，化验员 1 人。随着时代发展及工作需要，自来水公司专门设立水质化验机构，并不断完善职能、扩充人员。如今，北京市自来水集团拥有国家级水质化验室 1 座，各水厂化验室 14 座。

丹江口水库中试试验基地

年代	机构沿革
1909 年	水质化验司
1934 年	化验室
1940 年	化验股
1942 年	化验室
1949 年	水质组
1953 年	水质管理课
1955 年	水质科
1969 年	公司科室建制撤销
1972 年	公司恢复科室建制，化验工作并入技术科
1973 年	水质科（水质中心化验室）
1999 年—今	水质监测中心（国家城市供水水质监测网北京监测站）

水质监测发展

北京市自来水集团始终遵循"水质是生命"这一经营理念，投入巨资，采用国内外领先的水处理技术，使出厂水指标优于国家标准。2007 年 6 月，集团水质监测中心在全国同行业率先获得国家颁布的 106 项检测能力认可。目前，水质检测项目达到 205 项，水质检测水平在全国处于领先，达到了国际先进水平。

集团编辑出版的《科学技术荣誉册》

集团编辑出版的《科技论文集》

丹江口水库中试试验基地

水质科技前沿研究

集团积极构建多层次多角度的科技研发与管理体系。与中国科学院生态环境研究中心建立了战略合作关系；依托国家级、市级重大科研项目，与清华大学、哈尔滨工业大学等多个高等院校开展广泛合作；坚持每年召开集团科技大会，举办水处理及管网漏失控制技术研修班，近五年获科技成果51项；建立南水北调丹江口水处理实验基地，涵盖集团现有水厂和规划水厂工艺流程及国内领先的水处理工艺，为确保南水北调水进京后安全供水提供技术储备。

为给南水北调水进京后的安全供水提供技术储备，自来水集团在丹江口水库建立了中试试验基地。整个中试基地为2层框架结构，占地面积约700平方米，涵盖集团现有水厂和规划水厂工艺流程及国内领先的处理工艺，包括输水渠道模拟系统、净水工艺处理系统及模拟供水管网系统。集团将围绕现有净水工艺升级改造、新水厂建设规划以及管网水质稳定型等问题开展研究。

供水
服务

　　为改善用水条件，方便百姓用水，自来水公司从 20 世纪 70 年代开始将临街水站逐年分期分批改装接入居民院内。至 1984 年，三环路以内的公用水站全部进入院内。1999 年企业改制后，北京自来水集团把改进服务水平作为工作重点，实施了查表到户、一户一表改造；建成了供水报装网络闭环系统；对营销账务系统进行了升级；成立了供水服务热线；组建了客户服务中心；加快了营销网点的建设。2006 年 4 月，北京自来水集团以专业信息公司调查的 97.3% 的群众满意率，成为全市第 6 家首都文明行业。北京市自来水集团坚持以"用户满意"为目标，树立了"设想在用户前面"、"比用户的需求做的更好"、"投诉就是事故"等服务理念，先后投入巨额资金，整合优化服务资源，改善服务窗口环境，提高人员综合素质，实现了供水服务工作的新突破，打造了以用户为核心的供水服务体系，让用户用最简便的方式，花最少的时间和精力，获得最满意的服务。

供水调度设备更新换代

伴随城市供水事业发展，为确保供水设施安全、经济运行，自来水公司于 1953 年 1 月建立全市供水统一调度机构——供水调度室。此后，便致力于供水调度的远程控制研究。

专用电话联络 1953 年至 1979 年，通过专用电话联络方式和统一的调度口令进行供水调度。

"三遥"系统 1974 年自来水公司科研室与上海自动化仪表四厂合作，研制成功数字式时分制分散型脉冲编码远动装置，简称 FY 远动装置（又称"三遥"系统，即遥控、遥测、遥信）。1976 年投入水源三厂井群试运行，取得了较好效果。1979 年自来水公司供水调度应用"三遥"系统，实现了对分散在水厂周边水源井的遥控、遥测、遥信。该系统 1981 年荣获北京市科技成果三等奖。

超短波无线通道分散型远动装置 1980 年中心调度室应用"超短波无线通道分散型远动装置"，对补压井机泵集中远方开停及运行中的电流、电压及其他信息的传递，可及时调整和改善地区管网压力。

20 世纪 70 年代供水调度使用的电话交换机

　　计算机网络供水调度 20 世纪 90 年代开始应用计算机网络管理，逐步形成 "中心调度管网与水厂监测" 及 "供水调度管理" 系统。该系统可监测市区供水管网运行状态及水厂出厂水压力、清水池水位、出厂水流量、配水机开停状态等，同时对所监测的信息进行数据处理及分析。

供水营销实现"三化"

供水营销单位是与用户打交道最多、涉及面最广的窗口单位，其管理和服务水平的高低直接影响集团整体服务水平的提高。为了不断拓宽自来水缴费渠道，自来水集团对营销服务系统进行了升级改造，并对营销业务流程进行了重新设定，实现了营销管理的规范化、信息化和网络化。

"一户一表"成为北京市政府折子工程

2005 年，由市水务局及各区政府牵头，开始大规模对市区平房院实施一户一表改造工程，北京市自来水集团承担了其中的绝大部分改造任务。截止到 2007 年 12 月，集团共投入资金 2.3 亿元，完成 16.2 万户平房院居民的改造任务，涉及近 2000 个胡同，1.8 万多个院落，完成胡同内供水管网的干线和支线调压 340 余公里。2005 年，北京市政府将"一户一表"工程列入为民办实事的重点工程和市政府折子工程之中。

供水管理人员入户查表　　　　　　　　　　　　"一户一表"工程施工现场

2010年，免费为平房院两万多块水表穿"防寒服"

为防止冬季低温冻坏水表，保证居民正常用水，市自来水集团实施为水表"穿衣"的行动计划，集团专门抽调人员对城区平房院水表逐一进行排查，为存在冻裂安全隐患的2万余块平房院分户明表和埋得较浅的地下式分户水表免费采取保温措施，其中对18600余块平房院分户明表安装保温盒，对1900余块埋得较浅的地下式分户水表覆盖保温垫，需要采取保温措施的水表主要涉及东城区和西城区，城区中两万多块平房院水表很快穿上"防寒服"御寒。

营销收费方式的三个阶段

第一阶段：卖水票，用户凭票购水；第二阶段：按总表计量，用户轮流收费缴至银行或自来水营业所；第三阶段：查表到户，用户缴至银行或自来水营业所，还可通过工商银行的电话或网上银行缴费。

2008 年初，自来水集团营销管理账务系统全面升级。

2008 年 5 月，实现了与北京工商银行 500 个网点实时收费的对接，同时开通电话银行和网上银行收费功能，用户足不出户即可查询及缴纳水费。

2009 年 4 月，工商银行、交通银行、建设银行、农业银行等 17 家银行全部实现了实时联网缴费。2009 年 5 月，集团启用了新版水费缴费通知单，新版缴费通知单从三张变一张，方便了用户缴费。

2010 年 11 月，北京市自来水集团与中国银联北京分公司积极合作，正式开通了银联实时联网缴纳水费。

用户发展

1910 年	3000 人	1949 年	64 万人
1979 年	425 万人	1999 年	542 万人
2008 年	830 万人	2010 年	1100 万人

营销账务管理信息系统

随着查表到户，集团入户查表数量由 2000 年的 22 万户激增到目前的 200 多万户。为解决原有账务系统数据库格式与银行数据库格式不兼容，造

营销账务管理信息系统

环境良好的营业大厅

成营销账务系统不能与银行联网的问题，从 2007 年开始，集团对营销账务系统进行升级改造。2008 年 1 月 1 日，集团新营销账务管理信息系统正式投入使用，实现了对一线营销工作的过程管理和动态控制，这标志着集团的营销管理进入一个新的历史阶段。

国内首创的用户报装闭环管理系统

2005 年，自来水集团研制开发了"城市供水用户报装监控管理系统"，属国内首创。该系统将客户报装、抄表营销缴费、工程设计、工程施工等 13 个不同领域、不同业务范畴的管理整合成一个网络平台和服务窗口，实现了报装审批、不良用水记录审查、供水方案审批、查表预立户、施工设计审批、工程施工、立户查表缴费、稽查回访八个阶段的实时监控，理顺了业务流程，提高了工作效率和服务水平。

供水客户服务中心不断升级

　　1999 年，北京市自来水集团组建了"报修服务中心"；2002 年 9 月更名为"供水服务热线"；2008 年 5 月 20 日升级为 96116 客户服务中心。2010 年通过了全国客户联络中心标准体系（CCCS）四星级认证，从过去单一的自来水报修和抢修服务中心，发展成集自来水报修、抢修调度指挥中心、供水业务咨询中心、用户投诉及举报于一身的多层次、全方位的供水服务平台，成为自来水集团与市民联系的桥梁和纽带。

　　打造四个供水服务平台 1. 高度集中的供水服务平台；2. 各项供水业务的受理平台；3. 协调统一的供水管网抢修调度指挥平台；4. 供水服务的监督平台。

　　五项便民服务举措 1. 水费查询；2. 预约维修服务；3. 电话报用水表实数；4. 新安工程进度信息查询；5. 回访用户，征求意见，监督服务质量。

亲情服务

　　加强服务设施和环境的优化。先后升级改造了 22 处对外服务窗口的基础设施，实现了"一站式"对外服务。将原来单一收费功能的营业大厅拓展为可办理涵盖水费查询、业务报装、工程验收等综合业务服务大厅，完善了营业网点布局，扩大了服务涵盖面。

注重服务细节，为用户提供更加快捷、人性化的服务。开通了手机短信服务平台，使用户的服务诉求能在第一时间传递给一线服务人员，大大提高了服务效率。在营销收费柜台增设了双屏显示，用户可同步观看收费人员的操作过程，办理缴费业务更加公开透明。在服务场所设置饮水机、宣传折页及雨伞、老花镜等便民物品。

营业大厅

客户服务中心大厅

企业
文化

　　1999 年，北京市自来水公司进行改制，成立了北京市自来水集团有限责任公司。为进一步提高企业的科学管理水平，集团党委做出了要"大力开展企业文化建设"的决定。2003 年 9 月，集团企业文化"理念行为系统"和"视觉形象识别系统"正式策划完成，在传承优秀文化的基础上，形成了独具特色的京水企业文化体系，成为增强企业凝聚力、提高企业科学管理的有效支撑。2010 年，随着企业内外部环境的发展变化，集团在科学发展观的指导下，对企业文化理念进行二次提升，融入了近年来集团形成的新的经营理念，使企业文化真正成为企业科学发展的软实力。

水徽及释义

色彩含义 白色象征水的清醇、纯洁、无私、透明的特性。蓝色象征朝气、高尚、庄重、深沉。蓝色与白色相配，给人以文雅、人气、和谐、庄重的印象。

构图含义 构图中的基本图形是地球、水、人。以地球为基本形状，以水为中心，以人为本展开。地球是人类赖以生存的环境，水是生命之源，人是万物之灵，三者的组合是人类社会繁衍生息的基本元素。

整体图案似中国传统的"同心结"，寓意京水集团上下同欲、精诚团结、顾全大局。纵横交错的弧线好似自来水的供水管网，无限延伸，流入千家万户，又如自来水层层过滤的净化过程，图案在中心汇集，形成"水滴"。

企业文化理念

发展目标	\	首都标准 国际水平
企业使命	\	确保首都供水安全
企业精神	\	柔、善、清、和
企业价值观	\	企业发展 社会受益 职工增收
资源观	\	惜水如金
风险观	\	有备无患
管理观	\	强基精管
职业观	\	精益求精
服务观	\	亲情服务
经营观	\	公益为先 效益为本
人才观	\	人用其才
质量观	\	水质是生命

集团中层领导人员理论辅导讲座

集团素质教育工程培训

职工技术比武大赛

职工岗前培训

珍惜水资源社区共建活动

塑造企业形象

为促进企业发展，塑造企业的良好形象，集团通过规范窗口单位的整体形象、加强文明规范服务和业务技能培训、举办各类职工文化活动、开展共建文明和谐社区活动等多种形式，将企业文化理念融入生产服务的各项工作中，规范了职工的职业行为。

服务窗口形象规范统一　为进一步树立企业的品牌形象，按照企业文化视觉形象识别系统的要求，集团对服务窗口的外部形象进行了更新改造，使集团对外服务窗口形象焕然一新。

提高职工队伍素质　在注重企业外塑形象的同时，集团还通过开展各种培训，将企业文化理念、企业精神的宣贯与业务知识技能的培训相结合，不断加大对职工队伍培训的力度，提高队伍素质，实现企业的健康发展。

职工文化生活　为增强职工的凝聚力，集团每年组织开展"五月的鲜花"文艺汇演，开展长跑、游泳、足球、篮球、健步走等丰富多彩的体育活动，组织演讲比赛、书法、美术、摄影作品展等活动。

珍惜水资源社区共建活动　2006 年以来，集团各营销单位先后走进 80 余

供水一日游

职工运动会

职工文化生活

个社区，宣传规范用水和节约用水。集团14个基层单位与200余个社区（单位）签约，开展 "珍惜水资源，规范用水，共建文明和谐社区（单位）" 活动，引导广大市民参与建设资源节约型、环境友好型的大家园。

供水一日游 自2001年开始，集团连续多年开展"北京城市供水一日游"大型社会公益活动，组织市民参观自来水博物馆及自来水厂的制水工艺，使广大市民真切感受到"自来水不自来，自来水来之不易"，从而更加珍惜和爱护水资源。

京水
风采

公司成立 100 周年庆祝大会

集团荣誉

2004 年 全国建设系统先进集体

2006 年 首都文明行业

2007 年 全国推动厂务公开民主管理先进单位

2008 年 全国五一劳动奖

2009 年 全国精神文明建设工作先进单位

2012 年   全国文明单位

上级领导参观《北京自来水公司百年发展史展》

百年庆典

2008 年，北京自来水事业迎来百年华诞，集团举行了隆重的百年庆典活动。一百年，北京城市供水与城市发展同步迈进，完成了从拓荒到巨变的历史进程。一百年，北京城市供水为造福民生，服务首都经济发展做出了巨大贡献。百年庆典的圆满举办，向社会展示了企业的新形象，极大地鼓舞了职工士气。

北京市自来水集团领导和奥运供水安全保障大队合影

奥运供水保障

　　2008 年，举世瞩目的奥运会、残奥会在北京成功举办。集团全面实现了奥运期间"供水保障平稳，水厂生产有序，水质水压合格，管网运行正常，无影响奥运重点区域和居民用水的重大事故"的供水保障目标，确保了奥运会、残奥会供水安然无恙。

国庆 60 周年供水保障

2009 年 3 月集团启动长安街管线优化工程，
图为贵宾楼换旧闸

　　2009 年，集团按照市委、市政府和国庆筹委会的统一部署，提前准备、周密组织、统筹协调、团结协作，不怕疲劳、连续奋战，以最高的工作标准、最大的工作热情、最好的工作成效，圆满完成了国庆 60 周年庆祝活动供水服务保障任务，为北京市成功举办"隆重、喜庆、祥和"的庆祝活动贡献了力量。

北京自来

水

科普

Popular Science

······

寻根
问水

水是大自然给予人类的馈赠，既是自然界中最为活跃的要素之一，又是维持人类社会生存与发展的重要自然资源。

对于水是怎么来的，可谓众说纷纭，但大体可以归纳为原生水、外来水两种。

原生水之说

目前，大多数科学家认为：地球上的水是地球在漫长的历史进程中，由组成地球的物质逐渐脱水、脱气而形成的。

地球是由星级尘埃凝聚而成的。在最初阶段，地球是一个寒冷的凝固团，由于万有引力和颗粒间的相互碰撞，这些星际尘埃物质被紧紧地压缩在一起，形成了原始地球。后来地球内部的放射性元素不断蜕变，凝固团的温度不断增高，最终形成了我们可以居住的地球。（《地球未解之谜》）

外来水之说

　　有些科学家认为，来自太空携带有水和其他有机分子的彗星和小行星撞击地球后才使地球产生了生命。科学家们第一次发现了可以证明这一理论的依据：一颗被称为利内亚尔的冰块彗星。据科学家们推测，这颗彗星含水 33 亿千克，如果浇洒在地球上，可形成一个大湖泊。但令人十分遗憾的是，利内亚尔彗星在炽烈的阳光下蒸发成了水蒸气，全世界的天文学家们都观察到了这一过程。根据专家们的研究得知，这颗彗星携带的水与地球上的水相似。实验证明，数十亿年前在离木星不远处形成的彗星含有的水和地球上海洋里的水是一样的。而利内亚尔彗星正是在离木星轨道不远的地方诞生的。美国一位专家说："彗星落到地球上时像是雪球，而不是像小行星撞击地球。因此，这种撞击是软撞击，受到破坏的只是大气层的上层，而且撞击时释放出来的有机分子没有受到损害。"（《地球未解之谜》）

盘点我国水家底

2010 年我国水资源总量为 30906.4 亿立方米。地表水资源量 29797.6 亿立方米，地下水资源量为 8417.0 亿立方米，地下水与地表水资源不重复量为 1108.8 亿立方米，占地下水资源量的 13.2%，也就是说，地下水资源量的 86.8% 与地表水资源量重复。全国水资源总量占降雨总量的 46.9%。平均单位面积产水量为 32.6 万立方米／平方公里。(《中国主要江河水系要览》)

地表水

我国的地表水按照流域大小可分为七大流域，分别为：长江流域、黄河流域、珠江流域、海河流域、淮河流域、松花江流域和辽河流域。

1. 长江流域 长江流域是指长江干流和支流流经中国的青、藏、川、滇、渝等 11 个省（直辖市、自治区）的广大区域，是世界第三大流域，流域面积 180 万平方公里。

2. 黄河流域 黄河流域西起巴颜喀拉山，跨青藏高原、内蒙古高原、黄土高原和黄淮海平原四个地貌单元。流域地势西高东低，东临渤海，南至秦岭，北抵阴山。黄河流域幅员辽阔，地形地貌差别很大，流域面积 75.47 万平方公里。

3．珠江流域　珠江流域地处亚热带，气候温和，水资源丰富，流域面积为 45.4 万平方公里。

珠江流域西北部以乌蒙山脉、苗岭、南岭山脉与长江流域分界；西南部以乌蒙山脉与元江—红河流域分界，并以十万大山、六万大山、云开大山与粤桂沿海诸河分界；东部以低矮丘陵与韩江流域及粤东沿海诸小河分界。

4．海河流域　海河流域东临渤海，西倚太行，南界黄河，北接蒙古高原。流域地跨北京、河北、山西、山东、河南、辽宁和内蒙古等 8 个省（直辖市、自治区），流域总面积 31 万平方公里，占全国总面积的 3.3%。

5．淮河流域　淮河流域地处我国东部，在长江、黄河之间，流域西起桐柏山、伏牛山，东临黄海，南以大别山、江淮丘陵、通扬运河及如泰运河南堤与长江分界，北以黄河南堤和泰山为界与黄河流域毗邻，流域面积为 26.9 万平方公里。

6．松花江流域　松花江流域位于中国东北地区的北部，分属内蒙古、吉林和黑龙江三省、自治区。流域面积 56.12 万平方公里。松花江发源于长白山天池，是中国东北地区的主要江河，全长 1897 公里。

7．辽河流域　辽河流域北以松花江辽河分水岭与松花江流域分界；西接大兴安岭南段与内蒙古高原内陆河流域分界；南以七老图山、努鲁儿虎山及医巫闾山与滦河、大小凌河流域分界，濒临渤海；东部以千山、龙岗山、吉林哈大岭等山丘与松花江、鸭绿江及辽东诸小河分界。总流域面积 22.11 万平方公里。

地下水

2010 年，全国矿化度小于 2 克／升的浅层地下水的计算面积为 854 万平方公里。

地下水资源量为 8417.0 亿立方米。其中，平原区地下水资源量为 1852.9 亿立方米，山丘区地下水资源量为 6903.4 亿立方米。

中国的水资源总量虽然相对丰富，但是人均占有量少，时空分布不均匀，与人口和耕地资源的空间分布不匹配，并且还面临着严峻的水环境质量问题。

全国多年平均淡水资源（降水）总量大约为 6.2 万亿立方米，约占全球淡水资源总量的 0.018％；其折合降水深度大约为 648 毫米，这一数字低于全球平均水平（约 800 毫米）。

中国多年的平均水资源总量（地表水和地下水之和）不足 2.8 万亿立方米，居世界第 6 位。水资源可利用量 8140 立方米，仅占水资源总量的 29％；中国人均水资源量 2220 立方米，仅为世界人均水平的 1/4，是世界上 13 个缺水最严重的国家之一。

北京是个缺水城市

北京属于资源型重度缺水地区，是全国 110 个严重缺水城市之一。北京的人均水资源量约为 100 立方米，远远低于国际人均 1000 立方米的缺水下限。在北京的地表水资源中，最重要的就是五大水系：永定河水系、大清河水系、北运河水系、潮白河水系以及蓟运河水系。

地表水

北京的五大河流串联了整个北京的水系，也是大多数发源于北京的水体的归属，此五水系均属海河流域，为：永定河水系、大清河水系、北运河水系、潮白河水系和蓟运河水系。随着改革开放和城市的发展，北京发生了巨大变化，城市用水量大幅度增加。但是近年来五大水系河流有 55% 的河水受到不同程度污染。城市河湖由于缺乏生态补水，水质有明显下降趋势。

1. 永定河

永定河上游为桑干河和洋河，在河北省怀来县朱官屯村汇合后称永定河，于怀来县幽州村以南进入北京境内。在北京境内贯穿门头沟区东部，石景山、丰台区的西部；穿过大兴区、房山区之间；再转东南，形成本市与河北省涿州市、固安县的界河；之后在大兴区崔指挥营村东出境。

境内流域面积为 3168 平方公里，其中山区 2491 平方公里，平原 677 平方公里。河道全长 187 公里。

2．大清河

大清河上游为白沟河与南拒马河，两河上源均为拒马河。

拒马河发源于河北省涞源县，在房山区西部入境。其支流大石河、小清河分别发源于房山区和丰台区，流经房山区、门头沟区和丰台区，在河北省涿州市终村汇入拒马河后称白沟河。境内流域面积 2219 平方公里，其中山区 1615 平方公里，平原 604 平方公里。

3．蓟运河

拘河是蓟运河的上游河道，发源于河北省兴隆县，在平谷区刘家峪村东北入境，在纳错河和金鸡河至南宅村东南出境。

境内流域面积 1377 平方公里，山区、平原各占一半。河道全长约 32 公里。

4．北运河

北运河是北京城近郊区的主要排水河道，水质污染严重。通州北关闸以上称温榆河，以下称北运河。

境内流域面积 4423 平方公里，其中山区 1000 平方公里，平原 3423 平方公里，自通州北关闸至市界牛牧屯，河道全长 36 公里。

5．潮白河

潮白河上游为潮河和白河。潮河自密云县古北口村入境，白河自延庆县白河堡村北入境，在密云县城西南的河槽村汇流后称潮白河；南行至大沙务村出境，潮白新河于天津北塘直接入海。

境内流域面积 5613 平方公里，其中山区 4605 平方公里，平原 1008 平方公里。河道全长 118 公里。

地下水

2010 年北京地下水资源量为 18.9 亿立方米。

北京本地的地表水水源

1. 官厅水库

1954 年 5 月建成，是新中国成立后华北地区修建的第一座大型水库。库区跨河北省怀来县和北京市延庆县，是一座集防洪、供水、灌溉、发电等综合利用的大型水库。官厅水库控制流域面积 4.34 万平方公里，占全流域面积的 92.8%，平均径流量 8.8 亿立方米。

2. 怀柔水库

建于 1958 年 7 月，位于怀柔区境内潮白河支流怀河上，是一座集防洪、灌溉、供水等综合利用的大型水库。水库控制流域面积 525 平方公里，占流域面积的 50%。水库初建时为中型水库，1990 年加高扩建后成为大型水库。目前该水源处于热备状态。

3. 密云水库

建于 1958 年，1960 年 9 月建成，2 座主要坝址分别坐落在白河溪瓮庄和潮河南河碱厂村，是一座以防洪、供水为主兼发电等综合利用的大型水库。水库控制流域面积 1.58 万平方公里，占全流域面积的 88%，平均年径流量 14.9 亿立方米。

密云水库是目前北京市城区地表水的主要供水水源。

供北京的外来地表水水源

1. 张坊应急供水工程

张坊应急供水工程位于北京西南部，其主要水源为流经北京西南部与河北省交界处的拒马河水，经张坊镇六渡滚水坝壅水入原胜天渠，再经管线输水至燕化配水厂，还可利用原团城湖—燕化管线，将拒马河水反向送至田村山净水厂或团城湖。输水线路全长53公里，其中胜天渠11公里，输水管道42公里。最大输水流量为每秒4.0立方米，年调水量0.7亿至1.0亿立方米。

2. 河北黄壁庄水库

黄壁庄水库位于河北鹿泉市黄壁庄村，距省会石家庄市约30公里，是海河流域子牙河水系两大支流之一滹沱河干流上以防洪为主，兼顾城市用水、灌溉、发电等综合利用的大型水利枢纽工程。黄壁庄水库连同上游28公里处的岗南水库控制流域面积3400平方公里，总库容12.10亿立方米，年平均径流量21.5亿立方米。

3. 河北的岗南水库

岗南水库位于河北省平山县西岗南村，是治理滹沱河的重点工程之一，兼有防洪、灌溉、发电、城市用水和库区养鱼之利的大型水利枢纽工程。水库地处滹沱河中游,控制流域面积1.59万平方公里,总库容15.7亿立方米,年平均径流量14.1亿立方米。

4. 河北的安各庄水库

安各庄水库位于易县安格庄村西,以防洪、灌溉为主,兼顾发电和养鱼。总库容3.09亿立方米,控制流域面积476平方千米,1958年始建,1960年完成主体工程并投入运用,1970-1973年续建,2001年除险加固改造。水库为易水、胜利,两灌区平均年供水0.88亿立方米,至2002年,累计供水36.3亿立方米;1979-2002年向白洋淀、雄县、天津供水36.3亿立方米;1979-2002,水库电站累计发电量42.3亿立方米。

5. 河北的王快水库

王快水库位于河北省曲阳县郑家庄村西大清河南支沙河上,是一座以防洪为主,兼灌溉、发电的大型枢纽工程,建筑物有拦河坝、溢洪道、泄洪洞和水电站。水库控制流域面积3770平方公里,总库容13.89亿立方米,年平均径流量7.53亿立方米。

6. 丹江口水库

丹江口水库位于河南省淅川县和湖北省丹江口市毗临处,域跨豫鄂两省。是20世纪50年代末期国家兴建的综合开发和治理汉水流域的大型水利枢纽工程,蓄水174亿立方米,目前为亚洲库容最大的人工淡水湖。丹江口水库为南水北调中线工程的水源区和取水处,水库总面积846平方公里。水库控制流域面积9.25万平方公里,总库容290.5亿立方米,年平均径流量388亿立方米,年调水130亿立方米。

北京本地的地下水水源

1. 市内地下水

北京市区内共开采了 315 口水源井，目前全部正常使用。

2. 潮白河地下水

1979 年投产时，井群有 37 口水源井，分布在顺义牛栏山以北，潮白河的河床内。井深 60 米至 80 米，每口水源井出水量为 500 立方米至 600 立方米／小时。2005 年开始陆续开凿新井，到 2007 年共有 51 口水源井，目前全部正常使用。

该地区水量较丰富，水质好。但由于水井距离市区 50 公里，中途需转输加压，因此在朝阳区孙河镇设加压站一座。

3. 平谷应急水源

平谷应急水源工程是北京市自来水集团自筹资金 6 亿元投资建设的北京市重点工程。2004 年 3 月开工，2006 年完工。以平谷区泃河、汝河流域的

地下水为水源，通过新建 83 公里联络管线和输水管线，与第八水厂、第九
水厂输水管线沟通，全年为市区新增水量约 1 亿立方米，成为南水北调进京
前京城供水的重要水源。

4. 怀柔应急水源

怀柔应急供水工程是北京市启动的第一个大型应急供水工程。2002 年 9
月 25 日正式开工，2003 年 9 月 1 日正式并网供水，工程总投资 2.1 亿元。
该工程位于北京市东北 50 公里的怀河及雁栖河一带，并以该地区地下水为
水源。工程以两河交汇处为中心，在 25 平方公里范围内布设 21 对、42 眼深
（250 米）浅（120 米）结合的水源井和观测孔，联络管线 14.4 公里，泵房
42 座，配电室 240 平方米，供水工程管理中心 1 座。

水来不易

北京地表水预处理

　　预处理是指原水在进入水厂前，预先进行的初步处理工艺。针对不同水质的原水，需采取不同的预处理方法。其主要原理是通过投加药剂，使水中的杂质被氧化或吸附，从而大量减少原水中的杂质，达到改善水质的目的。预处理一方面有利于后续水处理工艺能更有效地去除杂质，另一方面也避免了管壁滋生细菌，起到了维护管道的作用。预处理方法有：用于氧化的预处理方法、高锰酸钾预氧化、用于吸附作用的预处理方法、粉末活性炭吸附。

北京自来水的制水工艺

步骤 1：加药混合

加药混合是指在水中加入混凝剂，并通过机械搅拌使混凝剂与水充分混合的过程。

步骤 2：絮凝反应

絮凝反应是指混凝剂与水中的胶体反应，使胶体失去稳定性而形成微小絮体，而后这些均匀分散的微小絮体再进一步形成较大絮体的过程。在这个过程中一部分微生物和细菌也会附着在胶体上，一同被析出。

步骤 3：沉淀

经过絮凝反应形成的较大絮体在重力作用下沉入池底，并最终汇集成污泥。

步骤 4：过滤

水中剩余的胶体和细小颗粒物在重力、惯性、水力、吸附等作用下被滤池内的滤料截留，只要体积大于滤料孔径的颗粒，就会被阻挡下来。经过滤后，水中的杂质进一步减少。

步骤 5：深度处理工艺

活性炭吸附

使用活性炭等材料，进一步吸附水中的部分有机物及嗅味。

活性炭多孔隙，具有较强的吸附性能，可以吸附水中的有机物，用于除色除味。大部分比较大的有机物分子、芳香族化合物、卤代烃等能牢固地吸附在活性炭表面或孔隙中，另外，活性炭对腐殖质、合成有机物和低分子量有机物也有明显的去除效果。

步骤 6：加药消毒

经过深度处理的水，加入消毒剂后送入清水池中进行反应，进一步消灭水中残留的微生物及细菌等杂质。

膜处理工艺

膜处理原理：将本应排放的反冲洗水等工艺用水重新利用起来，经过混合反应、超滤膜过滤、活性炭吸附等深度处理工艺，生产出符合国家标准的自来水。膜处理主要为物理过程，膜可以截留粒径比膜孔径大的物质，粒径小的物质则允许通过。超滤膜用于截留水中胶体大小的颗粒，而水与低分子量溶质则允许透过膜。

使用背景：2009 年 7 月 3 日，市区日供水量以 278.8 万立方米创下京城供水百年史上最高水平，接近市区供水能力的极限。

为应对 2010 年夏季供水高峰可能出现更高的日需水量，确保高峰供水，北京市自来水集团确定了"在无水中生水，在少水中增水"的工作思路，积极进行内部挖潜改造，第九水厂实施了应急改造工程，这是北京首次大规模应用先进的超滤膜处理工艺制水。此项工艺的应用使第九水厂日供水能力提升了 7 万立方米，市区日供水能力突破 300 万立方米。有效提高了水资源的利用效率，使工艺原水处理率接近 100%。

从源头到龙头全程监控

为确保供水水质安全可靠，北京市自来水集团建立了水源预警系统和精细化水质管理模式，从着眼内部控制的三级水质保障体系向从源头到龙头的全过程水质监测控制体系转变，供水质量不断跨上新的台阶。

源水监控

1. 积极应对北京水源水复杂化

a. 密云水库取水口预处理

针对水源水出现的水质问题，北京市自来水集团集中力量开展了大量的针对性研究与实践，如采用高锰酸钾预氧化技术及粉末活性炭预处理技术，解决了第九水厂因水源水质恶化引发的臭味等问题，取得了明显成效，保证了首都供水安全。

b. 供水水源水质预警监控系统

供水水源水质预警监控系统，目前在国内处于领先水平，是首都安全供水全过程控制的关键点之一。

延伸阅读

为全力保障奥运会期间的水质安全，2008年6月，集团在密云取水口安装了水源预警系统。该系统可实时监控原水的浊度、藻类、生物毒性、有机物浓度等水质指标变化，并通过远程无线数据传输系统将水质信息实时传送到第九水厂中心控制室，实现了监控提前，预警提前，为水厂后续工艺的调整争取了时间。

c."一线"工程取水口预处理

"一线"工程是指2006年12月至2008年9月，集团投资12亿元，兴建并完成的团城湖至第九水厂输水管线工程。该管线是南水北调原水进京的"大动脉"，日输水能力为157万立方米。工程首次采用盾构隧道掘进工艺，铺设了国内直径最大的输水管线（内径为4.7米），成为首都供水史上的标志性工程。

"一线"输水管线工程对水源水设置了三道关口，采取四种预处理工艺：在位于团城湖的"一线"输水管线入口处，设置了投加粉末活性炭吸附和次氯酸钠消毒预处理工艺；在关西庄泵站设置了高锰酸钾预氧化工艺；在第九水厂北侧设置了臭氧预氧化工艺。

当原水水质出现异常时，通过三道关口对来水进行预处理，以确保南水北调水源在进入第九水厂进行常规处理之前，符合国家生活饮用水水源Ⅱ类水质标准。

2. 丹江口水库实验基地

面对陆续进京的外流域水，为确保首都供水安全，北京市自来水集团主动承担起社会责任，克服了原水水质复杂化对制水工艺、水质检测要求高、制水成本增大等诸多困难，从能力建设、水源切换、水质保障等方面采取多项举措，保证外流域水经处理后符合国家标准，品质优良。

延伸阅读

丹江口水库中试基地依托国家科技重大水专项"南水北调受水区饮用水安全保障共性技术研究与示范"课题，由北京市自来水集团统一建设完成。占地面约700平方米，涵盖北京自来水集团现有水厂和规划水厂工艺流程及国内领先的处理工艺，它的落成标志着北京自来水集团研究分析丹江口水库水质工作拉开帷幕，为南水北调进京后安全供水提供技术储备。

3. 生产过程中的三级检测

北京市自来水集团实施三级检验制度，制水车间一级检测、水厂化验室二级检测及水质中心三级检测，以保证出厂水水质全部达到或优于国家标准。

4. 管网终端水检测

按照国家标准的要求，集中式供水单位的供水管网应按供水人口每两万人设一个采样点，而供水人口在100万以上时可酌减。集团在市区的供水终端共设置了300余个采样点，定期检测微生物、余氯、浊度等重要指标，通过对这些指标的检测掌握管网水质。

5. 国家级实验室——北京自来水集团水质监测中心

北京市自来水集团水质监测中心负责城市供水水质监测工作，是集团公司的职能部门之一，同时作为国家城市供水水质监测网北京监测站，接受国家建设部的行业管理。中心于1993年首次通过国家质量技术监督局计量认证，并于1999年取得了中国国家实验室认可委员会的能力认可，是具有资质认定／实验室认可的双证实验室。出具的检测数据具有法律效力，可被世界上多个国家和地区认可。

水质监测中心实验室面积4200平万米，设备资产约2000多万元。配备了气相色谱、气相色谱质谱、液相色谱、液相色谱质谱、流动注射分析仪、离于色谱仪、原子吸收仪、电感耦合等离子质谱仪等专业分析仪器。

建设节水型城市

根据 2009 年北京市政府工作报告：从战略高度研究建设节水型城市。

（一）实行最严格的水资源管理制度。

（二）认真落实各项节水措施，开展阶梯式水价试点。

（三）建设新应急水源，加强水源地保护，启动潮白河水资源循环利用工程，加快南水北调市内配套工程建设，实施供水管网改造，确保城乡用水安全。（北京市"十一五"规划）

提倡使用再生水

再生水，也称中水或回用水，指城市污水或生活污水经处理后达到一定的水质标准，可在一定范围内重复使用的非饮用水。

再生水的意义

再生水可用于对水质要求不高的城市河湖环境用水、城市绿化用水、工业低质用水、道路喷洒用水、建设冲厕用水、农业灌溉用水等。

中水系统大致可以分为三类：一是城市污水处理厂污水处理回用的城市区域性中水系统；二是若干建筑群生活污水集中处理回用的小区中水系统；三是独立的建筑物生活污水处理回用的中水系统。

为实现水资源的可持续利用，应努力做到城镇污、废水资源化，促进废污水的循环利用，大力提倡使用再生水。

与水相关的节日

　　世界水日 1993 年 1 月 18 日，第四十七届联合国大会作出决议，确定每年的 3 月 22 日为"世界水日"。

　　中国水周 水利部确定每年的 3 月 22 日至 28 日为"中国水周"（1994年以前为 7 月 1 日至 7 日）。

　　城市节水宣传周 从 1991 年起，我国将每年 5 月的第二周作为城市节约用水宣传周，每一年都有主题。中国水周是为了进一步提高全社会关心水、爱惜水、保护水和水忧患意识，促进水资源的开发、利用、保护和管理。

参考文献

北京市档案馆、北京市自来水公司、中国人民大学档案系文献编纂学教研室：《北京自来水公司档案资料（1908-1949）》，北京燕山出版社，1986 年 10 月。

北京自来水集团公司：《京水回忆录——为纪念北京自来水供水 90 周年而作》，2005 年 5 月。

冯丽娅、许洵：《当代北京饮用水史话》，北京：当代中国出版社，2010 年 1 月。

北京自来水博物馆展览大纲。

图书在版编目（ＣＩＰ）数据

北京自来水博物馆／水润之编．－－北京：同心出版社，2012.7
（纸上博物馆）
ISBN 978-7-5477-0615-2

Ⅰ．①北… Ⅱ．①水… Ⅲ．①城市供水－博物馆介绍
－北京市 Ⅳ．① TU991.921-28

中国版本图书馆 CIP 数据核字 (2012) 第 176087 号

北京自来水博物馆

出版发行：同心出版社

地　　址：北京市东城区东单三条 8－16 号 东方广场东配楼四层

邮　　编：100005

电　　话：发行部：（010）65255876
　　　　　总编室：（010）65252135－8043

网　　址：www.beijingtongxin.com

印　　刷：北京京都六环印刷厂

经　　销：各地新华书店

版　　次：2013 年 8 月第 1 版
　　　　　2013 年 8 月第 1 次印刷

开　　本：746 毫米 × 1000 毫米　　1/16

印　　张：13.5

字　　数：80 千字　图 218 幅

定　　价：39.80 元